如何成为一个了不起的人

程应峰——等著

让幸福触手可及 系列

北京理工大学出版社
BEIJING INSTITUTE OF TECHNOLOGY PRESS

图书在版编目（CIP）数据

如何成为一个了不起的人 / 程应峰等著. —北京：北京理工大学出版社，2018.8

（让幸福触手可及）

ISBN 978-7-5682-5291-1

Ⅰ. ①如… Ⅱ. ①程… Ⅲ. ①散文集 - 中国 - 当代 Ⅳ. ①I267

中国版本图书馆 CIP 数据核字（2018）第025706号

出版发行 / 北京理工大学出版社有限责任公司
社 址 / 北京市海淀区中关村南大街5号
邮 编 / 100081
电 话 /（010）68914775（总编室）
（010）82562903（教材售后服务热线）
（010）68948351（其他图书服务热线）
网 址 / http://www.bitpress.com.cn
经 销 / 全国各地新华书店
印 刷 / 天津旭丰源印刷有限公司
开 本 / 880毫米 × 1230毫米 1/32
印 张 / 8
字 数 / 200千字
版 次 / 2018年8月第1版 2018年8月第1次印刷
定 价 / 39.80元

责任编辑 / 田家珍
文案编辑 / 田家珍
责任校对 / 周瑞红
责任印制 / 李志强

Contents

目录

如何成为一个了不起的人

第 1 辑

一定要让你的努力，配得上你的梦想

第 2 辑
努力的人生从无绝境

第 3 辑

不行，就用二倍的努力

第 4 辑

将来的你，一定会感谢现在拼命的自己

第 5 辑

只要努力，岁月就不会辜负你

第 1 辑

一定要让你的努力，配得上你的梦想

如 何 成 为 一 个 了 不 起 的 人

生命里最重要的事情是要有个远大的目标，并借助才能与坚毅来完成它。

——歌德

↘

从最容易实现的目标做起

周 礼

阿曼西奥·奥特加出生于西班牙西北部的加利西亚地区，后来随父母搬到了拉科鲁尼亚，那里被称为“世界的尽头”，也是西班牙最贫穷的地方，人们多以打鱼为生，是一个典型的渔村。

一天，奥特加经过一家杂货店时，嚷着要吃糖，母亲无奈，只好厚着脸皮对店老板说：“先生，我身上没带钱，您能不能赊几颗糖给我？”店老板头也不抬地说：“没钱你买什么东西，赶紧走开，别妨碍我做生意。”尽管当时奥特加只有 12 岁，但这件事在他的脑海里烙下了一个深深的印迹，他暗暗发誓，将来自己一定要出人头地，不让这样的事情再发生在母亲的身上。

13 岁那年，奥特加遭遇了人生的一次重大转折，父亲微薄的薪水已无法维持家庭的运转，他不得不辍学回家，进了一个服装店当学徒。虽然拉科鲁尼亚是海盗和走私犯经常出没的地方，但也是一个御用裁缝辈出的地方，许多穷人家的孩子都被送到裁缝铺里，期望学好技术改变命运。奥特加并不甘心只做一个裁缝，他想做老板、做富翁。他时常懈怠工作，跑出去跟别人学做生意。

对此，裁缝店的师傅十分不满，他严肃地对奥特加的父亲说："如果你的孩子不想跟我学手艺，那你就趁早领回去吧，免得耽搁彼此的时间。"奥特加的父亲赶紧赔礼道歉，并承诺好好教育孩子。

晚上，父亲将奥特加叫到院子里，若无其事地说："孩子，你有远大的目标这很好，可是你也应该考虑一下眼前的境况，在西班牙，没有几个企业家是白手起家的，他们大多都有着显赫的家庭背景或政治背景，你拿什么跟别人比拼呢？当然，我说这话不是为了打击你的自信心，而是要让你明白，一个干大事业的人，必须要有自己的资本，而资本不是说几句大话就可以得到的，得靠自己在实践中慢慢地积累。这就像烧开水，如果你只有几根柴火，根本不可能将一锅水烧开，但如果你多拾些柴火，或倒掉一部分水，你就能成功地将水烧开。做人和做事都是如此，你别指望天上掉下馅饼，也别指望一夜暴富。目标过多，或过于遥远，都无异于妄想，与其每天做白日梦，不如放低自己的目光，脚踏实地地做好身边的每一件事，从最容易实现的目标做起，或许你就会一步一步地接近成功。"

听了父亲的一番话，奥特加若有所悟，从那以后，他不再整天梦想着做富豪，而是认真地学习如何做衣服。谁也没有想到，不过短短数十年的时间，奥特加就从一名学徒升格为一位裁缝师傅，又从一位裁缝师傅升格为一位服装设计师，又从一位服装设计师升格为一家睡袍店的小老板，又从一家睡袍店的小老板升格为世界时尚品牌 ZARA 的首席执行官。如今，奥特加已是全球十大富豪之一，拥有 570 多亿美元的净资产，真正实现了他当初的梦想。

↙

每一次努力都不会白费

西　武

许多人都说过这样的话:“我试了几百次了，可就是不成功，没办法，只好放弃。”你相信这句话吗？我对此是心存怀疑的，别说几百次，有没有十次都要打个问号。或许有人曾试过七八次，但因为不见成效，就放弃了再试的念头，却不知想要做成一件事，没有坚持不懈的努力是不行的。成功者之所以能成功，就在于他们一直在不懈地努力着。

只要你不断地努力，执着地追求自己的梦想，你就一定会有收获。因为每一次努力都有成功的可能。而造物主从来不会让伟大的追求者空手而归，即使你最后没有得到想要的东西，它也要给你点“副产品”，作为对你的奖赏。有的时候，“副产品”的价值甚至远远超过了你原本想要追求的价值。

一位青年教师去泰山，本意是想看泰山的日出。他徒步而行，往返一千七百千米，历时两个月零六天，日出没有看到，结果身边多了一位姑娘、两本游记和一群天南地北的朋友。

伦琴在实验室里蹲了6年，本来是想找晶体光谱的，结果晶体光谱没找到，却意外地发现了X射线。除了X射线，英国政府还给了他12万英镑，瑞典诺贝尔奖委员会奖励他53万美元，连他那张印着左手印迹的感光纸，也在1932年被美国的一位收藏家以120万美元的价格买下。

也许你要说，一个人的成功，有时纯属偶然。可是，你又怎么能确定那不是一种必然？你看哪个成功者不是在坚持不懈，不达目的不放弃地努力着？所以，如果你现在是一位正在为梦想奋斗着的人，千万不要停下你的脚步。意外地惊喜，也许明天就会降临。每一次努力，都让你距离成功更近一步。

斌和华在大专毕业后结伴到南方去找工作。斌找来找去，最后找到一个在街头发小广告的工作。刚开始的几天，斌自己也挺难为情的。他在发小广告的时候，有的人脸上满是不屑的表情，硬是挡住不要；有的人勉强接到了手里，一转身，就把那些印刷得花花绿绿的小广告扔进了垃圾箱。不过斌还是硬着头皮，坚持干着这份让不少人瞧不起的工作。

这时候他的那位好朋友华就笑着说他：“唉，你这个工作，简直就是每天制造垃圾，你好歹也算个小知识分子，怎么去干这种一点儿价值都没有的工作呢？”斌听了并没有反驳什么，只是笑笑说：

“这份工作虽然不怎么样，可是有不少时间可以让我自由支配啊。”

过了一段时间后，斌找到一个比发小广告好些的工作，在某“三流小刊”当编辑。斌一天到晚趴在桌子上写一些让人发笑的“快餐文学”。这时，华又笑他说：“你写的那些东西都是别人看过或不看就随便扔掉了的，根本没有珍藏价值，这有什么意思呢？”斌听了仍然毫不介意地笑笑说：“你要看到，我一直在向着我的梦想前进啊。”

又过了几年，斌拿到了自学考试的本科文凭，而且因为长期写作，经验丰富的他写出了几十篇质量挺不错的作品。因此，斌被一家发行量很大的报社录用，在那里当副刊编辑。条件好了，视野开阔了，斌的文章也越写越好了。这个时候，华才清楚地看到斌一直是一步一步地走在实现梦想的道路上，于是冲他竖起了大拇指，笑着说他“终于从垃圾堆里爬出来了”。

后来，斌在回想自己的经历时说：“我为什么会愿意干在街头发小广告的工作？那是因为发小广告不仅让我有时间练习写作，而且能观察到很多有意思的东西，让我积累了不少素材。正因为我在发小广告期间发表了十多篇稿子，我才能谋到一个专门跟文章打交道的工作——虽然只是一个三流的小刊物，但它却能给我提供更丰富的写作机会。”斌感慨地说：“很多时候，人向着一个方向走，不可能一步到位，虽然在别人看来，他干的都是‘垃圾’工作，卑微琐碎没有什么意思，但其实这些都是他向上走的一个个台阶。”

是的，只要你不放弃梦想，坚持不懈地努力，一步步地朝着梦想攀登，就会让你距离梦想更近一步。

↘

许多不可能，只存在于人的想象之中

西 武

这是一个真实的故事：

1965 年，一个普通的韩国学生到剑桥大学学习，主修心理学。他的导师是现代经济心理学的创始人威尔·布雷登教授。

每天喝下午茶的时候，学校的咖啡厅或茶座总是聚集了很多人，其中不乏一些成功人士，包括诺贝尔奖获得者、某些领域的学术权威和一些创造了经济神话的人。因此，这位韩国学生常到那里去听他们聊天。

时间一久，韩国学生发现，这些成功人士幽默风趣，举重若轻，把自己的成功都看得非常自然和顺理成章。这种与以前不同的经历让他想起韩国的一些成功人士。那些人为了让正在创业的人知难而退，普遍把自己创业的艰辛夸大了。也就是说，他们在用自己的成功经历吓唬那些还没有取得成功的人。

作为心理系的学生，韩国学生决定对这种现象，以及对韩国成功人士的心态加以研究。1970年，他向自己的导师布雷登教授提交了一份名为《成功并不像你想象的那么难》的毕业论文。

布雷登教授读后，大为惊喜，他认为这是个新发现。虽然这种现象在东方甚至在世界各地普遍存在，但此前还没有一个人大胆地提出来，并加以研究。惊喜之余，布雷登教授写信给他的剑桥校友——当时正坐在韩国政坛第一把交椅上的人——朴正熙。布雷登教授在信中说："我不敢说这篇论文对你有多大的帮助，但我敢肯定它比你的任何一个政令都能产生震动。"

这篇论文从一个新的角度告诉人们，成功与"劳其筋骨，饿其体肤""三更灯火五更鸡""头悬梁，锥刺股"没有必然的联系。只要你对某一件事情感兴趣，并长久地坚持下去就会成功，因为上帝赋予你的时间和智慧足够你圆满地做完一件事情。

事实证明，这个观点是正确的，成功的确并不像你想象的那么难。故事中的韩国学生最后也获得了成功，成为韩国泛亚汽车公司的总裁。

很多时候，并不是因为事情难我们才不敢做，而是因为我们不敢做，才显得事情难。正是因为人们对不熟悉的事情都存在着或多或少的畏惧，而事情的难度也就在人们的畏惧心理中被放大了。很多人因此不敢或者不肯去尝试。其实，只要你去试一试，你就会发现其实它并没有你想象中的那么难。

托马斯是一位美国记者，他76岁那年才决定开始学习汉语。促使他下此决心的是林肯的一封信。林肯在信上说：

在西雅图有一处农场，上面有许多石头，耕种起来比较困难。正因为如此，父亲才以较低的价格买下了它。有一天，母亲建议把上面的石头搬走。父亲说如果可以搬走的话，主人就不会卖给我们，它们是一座座小山头，都与大山连着。

有一年，父亲去城里买马，母亲带我们在农场劳动。母亲说："让我们把这些碍事的东西搬走，好吗？"于是我们开始挖那一块块石头，没用多长时间，就把它们弄走了。因为那并不是父亲想象的山头，而是一块块孤零零的石块，只要往下深挖一英尺①，就可以晃动它们。

林肯在信的末尾还说，有些事情，一些人之所以不去做，只是认为不可能，有许多不可能只存在于人的想象之中。

托马斯读了这封信后，深受感动，他想，虽然自己年逾七旬，虽然汉语不好学，但只要自己努力去学，又怎么会学不好呢？于是，他开始投入精力学习汉语。1922年，托马斯访问中国，会见了孙中山先生，他们之间对话可以不用通过翻译。

---

① 英尺：长度计量单位，一英尺约为三十厘米。

人生中的许多事，只要想做都能做到，该克服的困难也都能克服，用不着什么钢铁般的意志，更用不着什么技巧或谋略。只要一个人还在朴实而饶有兴趣地生活着，他终究会发现，只要去做，很多事都是水到渠成的。最重要的是，你不要被自己已经形成的观念限制或吓唬住，要有敢于试一试的勇气！只有不断尝试新事物，你才能不断突破自己，超越自我，从而取得更大的成功。

↘

不冒任何风险就是最大的风险

卓　文

水手的儿子在很小的时候，第一次跟着大人到船上玩耍。他好奇地趴在甲板上看海，突然看到水里有一条大鱼。可是当他指给别人看的时候，却没有一个人看到。

这时，大人们说了一个传说，说海里有一种长得很像鱼的怪物，看到它的人都会死去，所以一般人是看不见的。从此以后，这个人再也不敢乘船到海上了。

但他还是经常到海边，每次他走到海边，都能看见那条大鱼在海里出现。有时他走在桥上，就看见这那条鱼游向桥下。他渐渐习惯了看到那条鱼，但是他从不敢接近那条鱼。就这样他度过了一生。

在他年老将要面临死亡的时候，他终于忍不住了，决定到鱼那里去，看看到底会发生什么。他坐上一条小船，划向海里的大鱼。

他问大鱼：“你一直跟着我，到底想干什么？”大鱼回答：“我想送给你珍宝。”于是，他看到了大量的珍宝。他说：“晚了，我已经要死了。”

第二天，人们发现他死在了他的小船上。

在心理学上，这里的海是潜意识的象征，海像潜意识一样，浩瀚无边又深不可测，隐藏着无数的奥秘。大鱼就是大海的奥秘，是潜意识中的精神的象征，直觉的象征。

如果一个人进入了自己的潜意识，他就注定不能过一般人的生活。进入潜意识中是有危险的。如果你的潜意识里存在着心理矛盾，而你无力解决这样的矛盾，又贸然介入得太深，你的心理平衡就会受到威胁。

但是，在我们的潜意识里，固然有危险的成分，有时也不尽然。如果那个看到鱼的人能早一些鼓足勇气，勇敢地冒险接近大鱼，他也许已经是百万富翁了，但他却错过了机会。

水手的儿子因为不肯冒险，错过了发财的机会。如果一个农夫因为担心下雨，就不种麦子；担心有虫子，就不再种棉花；什么都担心，什么都不敢耕种。到收获的季节，农夫就只能两手空空。

一个不冒任何风险的人，只有什么也不做，就像那个水手的儿子和农夫一样，到头来，什么也没有，什么也不是。他们回避受苦和悲伤，但他们不能学习、改变、感受、成长、爱和生活。他们被自己的态度所捆绑，是丧失了自由的奴隶。

其实，困难和风险也是欺软怕硬的，你强它们就弱，你弱它们就强。你要时刻记得，最困苦的时候，没有时间去流泪；最危急的时候，没有时间去犹豫。害怕承担风险就是坐以待毙！只有乐于迎战风险的人，才有战胜风险、夺取成功之望，就像俗谚所说：“冒险越大，荣耀越多。”

为梦想坚持奋斗

彭忠富

项羽见到秦始皇出游的仪仗时说，“彼可取而代也”。刘邦则说，“大丈夫当如此也”。我想人群之中心生羡慕的应当不只是这两人。可是有些人只是过过嘴瘾，说说就算了，唯有项刘二人把自己的话作为人生目标并努力奋斗，结果成就了一番霸业。

无独有偶，中国近现代著名教育家，执掌北大近二十年的蒋梦麟，年少时也有类似经历。蒋梦麟在自传《西潮》中谈道：“我故乡余姚城外的姚江岸上有一座接官亭，这是各县都有的。如果有上级官员过境，知县就在这里迎候。大约六十年前的一个下午，我发现亭子附近聚了一大堆人。我赶过去一看，原来是大家在观望学台和他的随行人员下船，上岸。这位学台正预备去宁波主持郡试。前一日，知县已经从老百姓手中抓去好几条大船，那条专为这位学台预备的船上装了好几只加封条的箱子，至于箱子里面装些什么，自然只有经手的人才知道了。我遥望着学台等一行换了船，学台踏上最华丽的一只，随后这只载着官吏和陋规礼金的小型舰队就扬帆顺着退潮驶往宁波去了。那种气派使我顿生大丈夫当如是也的感触。我心里说从今以后一定要用功读书，以便将来有一天也当起学台，享受藏在箱子里面的神秘礼物。”

蒋梦麟的少年梦可谓和项刘如出一辙，只不过面对的一个是秦始皇，一个是学台而已。学台是清朝廷派到一省主管教育的官员，三年一换，相当于教育厅长。学台跟秦始皇的威仪相比，自然有天壤之别，但在少年蒋梦麟的脑海里，仍然打下了不可磨灭的烙印。这也难怪，官本位思想在中国人脑海中根深蒂固，因为当官，特别是当大官享受的好处太多了。学而优则仕，这也是读书人耐得住十年寒窗青灯苦的缘故吧！

这其实是件好事，因为它直接激励蒋梦麟努力学习。蒋梦麟幼年在家乡余姚蒋村私塾读书，12 岁进入绍兴中西学堂，开始学习外语和科学知识，后参加家乡科举考试，得中秀才。1908 年 8 月赴美留学，1917 年在纽约哥伦比亚大学毕业时，一举拿下了该校哲学和教育学两个博士学位。而同门师兄胡适，却因为论文答辩不过关，直到十年后才拿到该校的博士学位。胡适坐上北京大学校长的位置，则比蒋梦麟晚了 17 年。

蒋梦麟先后任过国民政府教育部部长、北京大学校长、行政院秘书长和中国红十字会会长等职务，其所取得的成就，已经远远超过他年少时所见的那位学台了。可是不知什么缘故，蒋梦麟现在的声名，已经完全被胡适、蔡元培和傅斯年等人所掩盖，甚至被北大人所淡忘了。蒋梦麟出任北大校长期间，适时提出了“教授治学，学生求学，职员治事，校长治校”的口号。尽管遭遇战乱，但在蒋梦麟任期内北大的教研水平有大幅提高，甚至西南联大八年，也是功绩多多，受到学界的普遍尊重。

一个“学台招摇过境”的偶发事件，在少年蒋梦麟心里埋下了奋发图强的种子。对于有心人来说，儿时的梦想会牵引着他们去终生奋斗，直到走向成功的彼岸；而对于芸芸众生来说，这样的梦想就如同过眼云烟，转瞬即逝。也许，这就是大师与我辈的区别了。

↘

逆流也要勇敢前行

彭忠富

鲍勃的父亲有一家服装厂，这家厂子是他爷爷于 1918 年创建的。大学毕业后，鲍勃去给父亲打工，被安排在工厂车间上班，周薪 75 美元。父亲说："这就是你的工资，比你的价值高多了。"鲍勃的任务是打包，就像一条人力传送带，把服装从一个缝纫工那里搬到另一个缝纫工那里。鲍勃还负责锅炉的维修，甚至还压榨苹果酒，让它发酵成烈酒，和剪裁室的男人一起喝。和他们一起痛饮是长大成人的一种仪式，表明鲍勃和他们是一伙的，并不是公子哥儿。

黛比和鲍勃结婚时，鲍勃身无分文。鲍勃心里备受煎熬，父亲对他说："你可以去闯天下，比如推销我们的服装，因为你已了解了锅炉、电气系统、线轴、缝纫针、油桶等环节。甚至，你可以去建一家新工厂，制作我们从来没有做过的产品。”

不久后黛比怀孕了，鲍勃每周赚 90 美元，在当时就属于贫困水平。鲍勃觉得自己所知甚少，父亲就把他扔到了独立门户的路上，整整一年，他每天的睡眠时间不超过 4 小时。新工厂刚奠基，父亲被诊断出癌症晚期，三个月后就去世了。鲍勃感觉天都要塌下来了，仿佛自己也死了一般。鲍勃透过办公室的窗户盯着远处，到处都是工厂，阴冷暗淡，覆盖着厚厚的雪。鲍勃想，自己 26 岁了，已经有老婆，还有个快要出生的孩子。自己是家里的顶梁柱，必须坚持下去。

母亲告诉鲍勃，他大学毕业后，父亲就感到身体不适，医生说他活不了多久。但是他一直咬牙撑着，没有告诉家里人。因为父亲清楚地知道，儿子刚大学毕业，一切才从头开始。他必须要把儿子锻炼出来，具有独立生活和经管的能力，他才能离开这个世界。父亲就这么熬着，一直熬到癌症晚期，一直熬到鲍勃有所成就了，才放心地离开了。那一刻，鲍勃震惊了。原来对父亲还有些许抱怨，觉得他很残忍，谁知父亲用心良苦，一切都是为了自己能迅速成长。

后来，鲍勃在强手如林的服装界苦心经营，最终将家族企业发展成为本地行业内的巨无霸。父亲用心良苦，鲍勃最终成才。这种教育观，其实也曾经是国人所推崇的。“天将降大任于斯人也，必先苦其心志，劳其筋骨，饿其体肤……”能力在锻炼中成长，这本来是教育的基本规律。可是现在，随着独生子女越来越多，很多人对子女多了娇惯溺爱之心，生怕子女累着苦着，其实这根本不利于孩子的成长。那天我在邮局办事，听见两个男青年的对话。一个瘦高个儿说："现在工资简直不够用。我每天光抽两包烟，就是七十块。有时候跟朋友出去喝酒、唱歌、打牌等，还要耍对象，每个月起码消费五六千。"旁边的矮胖子说："你们水泥厂，每个月也就三四千块。工资不够用，你怎么办？""还能怎么办？只有让老妈赞助了！"瘦高个儿理直气壮地说。瞧瞧，这就是我们的年轻人，不以啃老为耻，反而视为理所当然，这样的群体还有希望吗？

生活会让我们所有人受到挫折和考验，老天会给我们寒露和秋霜，关键是你要经受住颠簸和曲折，然后毅然崛起，有所成就，这才是我们对生活和亲人最好的回报。

↙

成功就在高墙后

周　礼

曾经有一个冒险者想要一夜暴富，于是他在一个边陲小镇买下了一大片土地，如果地下蕴藏着丰富的石油的话，那么他将成为世界上最富裕的人。然而遗憾的是，他花费了大量的时间和资金，却只打出了一口极小的油井，其出油量还不够开采的费用。冒险者顿时傻了眼，他没想到如此一块大家看好的宝地，地下竟然没有石油，这一次自己彻底栽了。眼看着自己投入的钱血本无归，全都化为了泡影，冒险者实在有些不甘心。

为了尽量降低损失，他决定在这一片土地上发展种植业，如果顺利的话，前景依然十分可观。可是当他尝试着种植一些东西时，才发现这片土地十分贫瘠，根本不适合栽种任何经济作物。既然搞种植业不行，那就搞畜牧业吧。可是当他尝试着养一些牲畜时，才发现这儿除了低矮的灌木，根本没有供牛羊生长的水草。后来，他又想在这儿寻找值钱的矿物质，可是这儿除了无数让人望而生畏的响尾蛇外，根本没有任何值钱的东西，要是一不留神，不但发不了财，可能连性命都会丢掉。最后，这个冒险者只好带着一身的疲惫和满心的绝望离开了小镇，从此过着债务缠身的生活。

没过多久，又一个冒险者看上了这片土地，他的命运跟前一个冒险者一样，寻遍了这儿的每一个角落，也没有找到他梦寐以求的石油。如果按这种情形发展下去，用不了半年时间，自己就会成为一个身无分文的穷光蛋。面对眼前的绝境，冒险者心急如焚，日不能食，夜不能寐，忧心忡忡地寻找着各种可以解决问题的途径。可是这儿除了一望无际的贫瘠土地和低矮无用的灌木林，似乎根本没有什么好的出路。尽管失望不止一次地漫上冒险者的心头，但他始终坚信，天无绝人之路，世上只有自己想不到的商机。

那段时间，他强迫自己冷静下来，认真地考察了这儿的地形和资源，最后他将目光紧紧地盯在了那看似没有什么用途的响尾蛇身上。为了稳妥起见，他吸取了上一个冒险者的失败教训，阅读了大量关于响尾蛇的资料，并做了详细的市场调查，发现响尾蛇的身上浑身都是宝。他按捺不住心中的激动，迅速筹措资金，着手打造响尾蛇产业。

后来，他不但利用这里的响尾蛇摆脱了债务危机，还赢得了财富。为了将这儿的资源扩大化，他还打起了旅游业的主意，让游客前来观光赏景，体验野外生活。一切如他所料想的那样，每年都有数十万游客蜂拥而至，他从中赚了个盆满钵溢。

原来，绝境就像一堵墙，它将失败者和成功者分隔两边，失败者看到的只是墙的高度和厚度，而成功者看到的却是隐藏在墙背后的机遇。

↘

你的魅力在于你的努力

彭忠富

几年前的一天，美国的《晚间脱口秀》请来的人物是希拉里，能看到这台节目，缘于我好奇没有换台。从后台走出来的这位当时的国会参议员、美国民主党总统候选人、美国国务卿，笑容亲切，就像报名参加综艺节目有奖问答的家庭主妇，让人有种似曾相识的感觉。

“我的母亲因为我的祖母很苛刻，在她 13 岁的时候就离开家了。我十分以她为荣，因为我知道她已经尽其所能地保护了我们。”看得出来，在说这段话的时候，希拉里内心充满了对母亲的敬佩和感激。

不久前和几个朋友一起吃饭，当中有位加拿大人约克，二十出头。席间他颇为羡慕地对我们说，中国父亲很伟大，而他的父亲不称职。当时以为他是说反话，讽刺我们这些用父母钱自费读书的中国学生，可是听他解释后才发现完全是误解。他说他的父亲酗酒好赌，不认真工作，没有好好照顾家庭，导致他从小学毕业就开始自己打工贴补家里，以致现在他无论如何奋斗，却还是社会的中下层。约克谈到自己的父亲时，居然满脸的鄙视，那种表情是我之前从来没有在任何一个做子女的脸上看到过的。

希拉里可以对母亲如此敬佩，而约克可以对父亲如此嗤之以鼻。我想，两者家长最大的不同在于两个字：尽力。这“尽力”二字反映出做父母的一种责任，如果你尽力做了，那么你就能问心无愧。我小时候，家境贫寒，三兄弟都在念书，正是用钱的年龄。父亲没有技术，只好在工地上做小工，挣点辛苦钱。他成天和石灰水泥打交道，一双粗糙的大手一年四季都是皴裂的。虽然日子窘迫，但是在父亲的努力下，我们三兄弟没有一个因为交不起学费而辍学。父亲经常教育我们：“我尽力挣钱供你们上学，你们也要尽力争取考上大学。”虽然最终只有我考上了大学，但是父亲并没有责怪两个哥哥，因为他们都尽力了。

尽力是一个人们常常挂在嘴边的度量标准。这原本是一个颇为沉重的砝码，可悲的是人们往往在衡量自己的时候，把它的质量降到了最低。比如母亲打电话来询问考试情况，通常这是最心虚的时候。不过，幸好有人事先发明了“尽力”一词，于是便在上报分数后，面不改色心不跳、堂而皇之地加上“我尽力了”，既可免去母亲蓄势待发的责难，更可安抚自己三分钟疼痛的受挫心灵。然而，回想起来，努力也许是有的，不过只在临考前。父母尽他们所能给我们铺路，走在父母为我们点滴积攒出的路上，我们只有用自己的努力才能回报父母的尽力啊！

尽力做事的人是最美的，是值得敬佩的，是活出人生价值的。其实，有很多时候尽力的往往是天资不高的人，虽然有时候尽力却不被发现，但是，不管别人怎么看，只要我们完成一项任务时，能心安理得地说句“我尽力了”，就是给自己最好的答案。

今天，请问：“你尽力做事了吗？”

↙

成功总是青睐有准备的人

彭忠富

有一个天才小提琴家，不但擅长演奏，更擅长作曲。才华横溢的他，为了能够在演奏时更突显自己超人的技巧，常常创作出让世人惊叹的超高难度杰作！也因为如此，每一次他的新曲发表会，总是一票难求。

这一次，他一年一度的独奏会，又在国家级的演奏厅揭开了序幕，所有台下的乐迷都很期待小提琴家究竟会奏出什么样的精灵乐章来冲击大家的听觉。果然，小提琴家充满自信地拉下琴弓，不负众望地奏出了他最新创作的乐曲。

演奏到了曲子的高潮处，在一段高低音转换剧烈的章节，小提琴家的一根琴弦竟然应声而断！全场的观众看到这一幕，无不哗然，数千双眼睛都盯着台上，大家都很好奇小提琴家会怎样处理这般尴尬的场面。只见小提琴家不慌不忙地微微一笑，稍稍整理了一下所剩的三根弦，又从中断处继续演奏。

所有的听众都很讶异小提琴家究竟使了什么魔法，为什么断了一根弦后的演奏，仍然听不出丝毫破绽，甚至音色比断弦前还要嘹亮？伟大的艺术家总是喜欢给自己出难题。过了一会儿，又有一根琴弦断了！这一回，所有的观众都鸦雀无声，他们认为演奏应该要结束了；没想到，小提琴家又理了理剩下的两根弦，仿佛什么也没发生一般地继续演奏。眼见台上的巨星运用奇迹般的技巧，度过了两次难关，台下的观众立刻响起如雷般的掌声！

就在掌声稍歇，乐曲进入到最终篇章时，上天像是在捉弄人似的，小提琴家又在众目睽睽下，拉断了今天的第三根弦！四根弦被拉断了其中的三根，台下的观众每个人都站起来向小提琴家致意，认为今天实在太精彩了，虽然发生了几次断弦的意外，可是能坚持到此，已经可以说是非常伟大的表演。

就在大家都认为演奏会已经结束的这一刻，小提琴家沉思了几秒钟，望着自己只剩下一根琴弦的小提琴，扬起了琴弓，用仅剩的一根弦将曲子拉完！在结束掉最后一个音符的一瞬间，小提琴家振奋地在台上大喊：“一根弦的帕格尼尼！”台下观众掌声雷动，演出获得巨大成功。

众所周知，小提琴有四根弦，每根弦都代表着不同的音色和音域。在一首完整的乐曲中，每根弦都会发生作用，不要说缺三根弦，就是缺一根弦，一首乐曲也完成不了。在音乐会上，这当然是个意外，换把小提琴重新开始演奏就行了，观众会谅解的。

但是演奏者没有这样做，因为他是十八世纪意大利最伟大的小提琴家帕格尼尼。他是个音乐天才，既会演奏又会作曲。用两根弦甚至一根弦，他都能奏出一曲美妙的音乐来。这一场奇迹般的表演，被许多乐评家称作史上最伟大的一次小提琴演奏！

我觉得，这是帕格尼尼一次精心的炒作，他利用一次意外把自己会用两根弦甚至一根弦演奏小提琴的本领公开化了，而且是演奏自己创作的乐曲。对于其他的小提琴家来说，这是望尘莫及的，从而奠定了他小提琴大师的卓越声望。

机遇就像泥鳅，不抓住就会溜掉。但机遇总是垂青有准备的人，帕格尼尼的炒作有个前提，那就是他已经具备了这样的本领，只是在一个偶然的时机，如火山爆发般把自己的才情宣泄了出来而已。

↘

努力的人自带幸运

卓 文

人们常说，越努力越幸运。想要幸运降临，唯一的办法就是踏踏实实的努力。时间是最诚实的朋友，你努力的每一个时刻它都知道。

1999年，张艺谋导演的原生态电影《一个都不能少》，在国际上一炮打响。影片中的女主角魏敏芝从此进入了人们的视野。按理说，“谋女郎”魏敏芝应该是星光一片大好。然而，风头正盛的魏敏芝却突然从人们视线里消失了。

原来，盛名之下的魏敏芝也面临着各种质疑：说她既不漂亮，身材也不好，不适合做演员……这些负面评价让魏敏芝这个来自乡村的“小土妞”迷茫了。但魏敏芝并没有放弃，她面对着镜子，告诉自己：“我行，一定行！只要自己够努力。”自此，魏敏芝把电影当成了事业，她相信自己一定能在电影圈中走出一条属于自己的路。就这样，魏敏芝怀揣梦想，欣然上路了。高考时，她毅然选择了北京电影学院。

这一次她名落孙山了，不过她并没有放弃。从这以后，她重新认识了自己，没有漂亮的脸蛋和傲人的身材不能做演员，但可以做导演。于是，她选择到西安外国语学院影视传播学院学习“编导”。

魏敏芝在学校学习非常努力，如饥似渴地汲取着专业知识的养分。一个偶然的机会，魏敏芝邂逅了一位她的忠实影迷——美国杨百翰大学教授、美籍华人陈尔岗。陈尔岗后来也成为魏敏芝人生中的贵人。在他的推荐和帮助下，魏敏芝克服重重困难，成功拿到美国杨百翰大学的入学通知书，而且得到了全额奖学金。

在美国杨百翰大学，魏敏芝对自己说：“我要在世界的高等学府证明自己！”她在努力学习专业知识的同时，积极参加各种校园活动，不仅参加学校的合唱团、担任电视台副导演，还成立了中国同学会，并担任同学会主席。在这里上，魏敏芝进步飞快，才能得到了淋漓尽致的发挥。

魏敏芝一直有一个梦想，想要把山里贫苦的孩子拍出来，让整个社会关注和帮助他们……因此，锋芒渐露的魏敏芝在面对《母亲的心愿》这部影片的邀请时，欣然应邀，参加了导演和主演的工作。后来，凭借这部影片，她参加了科威特中国电影周，荣获科威特文委最高奖……自此，魏敏芝成了一道闪亮的风景，不再只是充满乡土气息的原生态演员。

《爱拼才会赢》里面唱得好："好运歹运，总要照样工作才会赢，三分天注定，七分靠打拼。"所谓的幸运，背后都是无数次不为人知的努力拼搏。所以，努力的人往往自带幸运，他们会最大限度地改善自己的气场，向世界传达出不一样的自己。

生活中不乏这样的"幸运儿"，一个朋友毕业后就进入一家跨国公司，起初他的英文很差，连基本的产品说明书都看不懂。但为了生活，他每天私下苦练，看不懂产品说明书，他下班回家就在家里死记，甚至把和产品不相关的东西都记了下来。口语不行，就省吃俭用报培训班训练，还经常到学校里参加学生组织的英语口语活动。就这样，一年后他的英语水平有了质的提升，用英文写的东西比中文写的还要清楚。每每听到他用流利的英语和人说话，都让人羡慕不已。

有一天下班后，这个朋友单独在办公室里加班，当他用流利的英语给国外客户介绍公司产品时，有一个中年人走了进来。等他打完电话，这个中年人就问他："你叫什么名字？英语说得好棒！"聊了几句，朋友才知道这个中年人是总公司的董事长。

从此以后，这个朋友更加努力地学习英文，工作也更加努力。后面的故事很老套，在董事长的关注下，他从一个职场灰天鹅蜕变成了天鹅。

对于这样的结果，这个朋友并不意外，他不止一次跟身边的朋友说："光只看到我在宝马里笑，有谁看到我在自行车后座上哭了？”是啊，他能取得今天的成绩，和他背后的努力付出是分不开的。

每一个成功的人，刚开始都要走过一段充满黑暗的路，就像想要变成美丽的蝴蝶必须经历破茧而出的努力。生活中，很多人都看到了他人的优秀，都会羡慕他人的幸运人生，往往会忽视他人获得这一切背后付出的无数努力。

世界上从来没有不劳而获的成功，如果上天赋予你三分幸运，你仍要十分努力，这样才能不辜负幸运，它才不会走掉。如果上天没有给你先天幸运，那你就要更加努力，以迎接幸运降临。努力的人自带幸运，上天从不会辜负！

↘

唤山不如走过去

周　礼

世界著名营销大师柴田和子刚进入寿险界时，遇到了一位脾气暴躁、刁钻苛刻、蛮不讲理的上司。这位上司每天板着一副严肃的脸，动不动就对下属大呼小叫，不是训斥这，就是训斥那。要是遇到心情不好，他还会不断找茬，把所有的情绪都发泄到下属的身上，大家几乎每天都生活在一种白色恐怖之中。

那天，柴田和子高高兴兴地去公司上班，谁知前脚刚迈进办公室的大门，就听见支部长（上司）生气地说道："你怎么可以右脚先踏进办公室呢？赶紧退回去，重新敲门进来。"柴田和子满心委屈，忍不住问："左脚先踏进办公室和右脚先踏进办公室有什么关系，目的不都一样吗？"支部长没有回答她的问题，而是大声地骂道："你懂什么！一个新来的菜鸟，按照我说的做就是了。"柴田和子生性好强，并不轻易服软，她站在原处一动不动，打算与支部长进一步理论，她觉得即使自己犯了错，也要知道错在什么地方。

支部长见她没有动，面子上十分过不去，怒不可遏地朝她吼道："怎么，想造反吗？你爱干不干，不干立马卷铺盖走人。"柴田和子默默不语，她知道，跟这种人讲道理是讲不清的。支部长见柴田和子不说话，便挖苦道："怎么，你想以沉默来对抗吗？"

柴田和子的泪水夺眶而出，她伤心地哭了一场，随后头也不回地离开了办公室，她决定就算去捡垃圾、扫大街，也不愿再面对这个变态的上司。就在柴田和子准备写辞职报告时，母亲走了过来，她亲切地对柴田和子说："孩子，你听说过穆罕默德唤山的故事吗？"柴田和子摇了摇头。母亲继续说："曾经，穆罕默德对别人说，他能让山移动到他面前，可是他连唤了三次后，大山岿然不动。于是，穆罕默德只好微笑着说，既然山不过来，那我就自己走过去吧！你的那位支部长就如同挡在你面前的一座大山，你要想改变他，那根本不可能，唯一的办法就是主动去适应他，因为唤山不如走过去。"

听了母亲的诉说，柴田和子恍然大悟，自己进公司的目的不是为了寻找一个温和友善的上司，而是为了学习营销的技巧，如果遇到这么一丁点儿的困难就退缩，那自己这辈子能有多大出息呢？回到公司后，柴田和子诚恳地向支部长道歉，请求他的原谅，并下定决心去适应支部长的脾气和管理模式。

其实，这位支部长除了脾气不好和有洁癖外，他的身上还是有不少的优点的，比如，经验丰富，业务精湛，做事一丝不苟，看待问题敏锐、犀利等。从支部长的身上，柴田和子学到了很多的东西，为她事业的发展打下了坚实的基础，可以说没有这位苛刻的支部长，就没有后来优秀的柴田和子。

正是因为柴田和子秉承唤山不如走过去的原则，所以不管遇到多么刁钻的客户，她总能想办法去适应他们，说服他们。就这样，仅仅过了几年，柴田和子的业绩就超过了日本的任何一位推销员，刷新了吉尼斯世界纪录，成为全球寿险界数一数二的顶级大师；而她的那些同事，要么还在喋喋不休地抱怨着，要么愤然地选择了离开。

↙

勇敢地迈出自己的脚步

沈岳明

1889年，一个男童在英国伦敦一个平民家庭出生了。由于父亲早亡，母亲精神失常，被收养的他，常遭养母虐待。苦难的经历让他的心理变得极为脆弱，他患有严重的自闭症。他长得又瘦又小，在学校里几乎没人跟他说话，连老师都不喜欢他。后来在养母的威逼下，他辍学了。失学的他一有时间仍会去学校的附近逛逛。有一次学校举办一个歌舞会，他们班的同学很多都报了名准备参加演出，报了名的同学都要参加彩排。

由于他害怕待在家里遭受养母的虐待，只得独自外出闲逛，逛着逛着，他便来到了学校的大礼堂门口。出于好奇，他往礼堂里探了探脑袋，发现同学们都在里面排练。他这一探头刚好被老师发现了，老师便将他叫了进去。那位老师不知道他已辍学，还以为他是学校的学生呢，便说因为有一个同学请了病假不能参加演出，问他能不能代替那位同学。他犹豫着不知该如何是好，因为他从来没有想过自己也能上舞台演出。9岁的他被老师牵着手，亦步亦趋地走上彩排的舞台。由于太紧张了，在上舞台的时候他还差点摔了一跤。

第二天，他们的合唱表演开始了。面对台下师生们的欢呼声，他吓得浑身发抖，嗓子眼儿里像塞了团棉花，只听到别人的声音在响，唯独听不到他自己的声音，好在他的个子小，又站在最后一排，台下的人根本就看不到他。

演出结束后好久，他还沉浸在演出时的激动中，长这么大他还是第一次拥有这种激动的感觉。由于他的私自出走，养母终于将他扫地出门了。他成了一个流浪的孤儿，白天乞讨，晚上躲在一个草棚里回忆那天演出的情景，并且自创了一套节目。

机会终于来了，一个马戏团来他们那里演出，他找到团长毛遂自荐。当着团长的面，他竟然将一个流浪儿的辛酸以喜剧的形式演得活灵活现，但是又使人欢笑后感到了泪水的苦味。团长当即拍板留用了他。从此他随流动剧团，跑遍了英国的每个角落。后来他去了美国，并在影片《威尼斯赛车记》中塑造了一个悲剧小人物“夏尔洛”的角色，从此这个有着特别装束的流浪汉形象风行世界70年，经久不衰。他就是著名喜剧演员卓别林。

提起卓别林的名字，许多人就会想起一个身穿肥大裤子、脚踏大头皮鞋、头戴破烂礼帽、留着硬毛刷胡子的流浪汉形象。卓别林给观众带来了无休止的笑声，甚至可以使人笑出眼泪来。然而，人们却无法说清楚那是欢乐的眼泪还是辛酸的眼泪，别人只可以让观众发笑，卓别林却可以让观众笑完以后深思，这是同时代的任何喜剧演员所不能做到的。

勇敢地迈出自己的脚步，这是卓别林写在自己的日记上的一句话，他一直在以这句话激励着自己。是的，如果当初卓别林不能勇敢地迈出那一步，那么他终其一生也只是个令人不屑的流浪汉。人的一生都在与机会相遇，却是错过的多，抓住的少，但只要你抓住了一个，你便成功了。当你在一家一直想进而又不敢进的公司门口徘徊时，当你对一门技术向往了很久而一直下不了学习的决心时……请勇敢地迈出自己的脚步，成功就在你的眼前等着你！

↘

成功只与努力有关

沈岳明

1947年7月30日，施瓦辛格出生于奥地利的一个仅有800人的小村落。由于刚刚经历战乱，他的家境跟所有当地其他家庭一样贫困，家里没有电话也没有电视，甚至连一日三餐也吃不饱。

当地人最羡慕的就是那些来自美国的商人，只有他们才吃得起比萨和牛排。施瓦辛格也很羡慕那些商人，为了得到一些食物，他总是主动给那些商人搬运货物。

1965年，有一位商人见施瓦辛格勤劳善良，便邀请施瓦辛格去他的美国豪宅一游。在游完商人的豪宅以后，施瓦辛格由衷地赞叹道："您真是了不起，恐怕连我们奥地利的总统也未必能住上这么好的房子吧！"商人则对他说："这没有什么，只要你肯付出努力，你也能够得到我现在的一切。”施瓦辛格不相信地说：“可是，我的家境这么差……”商人说：“努力与家境无关！”施瓦辛格还是不放心地说：“我没有美国国籍……”商人说：“努力与国籍无关！”施瓦辛格终于鼓起勇气说：“您是说像我这样一个出身贫穷地位低下的孩子，也能享受到像您这样富有而尊贵的生活？”商人说：“是的，但前提是你得付出努力！”

就是美国这一游，在施瓦辛格的心里燃起了一股无法扑灭的火种。回国后，他经过仔细考虑，决心去美国闯荡一番。1968 年，施瓦辛格独自来到美国，当时他仅有的财产是 20 美元、一个装有沾满汗水的运动衫的提包和一个梦想。

初到美国，由于语言和生活习惯的障碍，使施瓦辛格吃了不少苦头，但他的内心却充满了快乐。因为他深信商人的话，只要肯付出努力，他便能过上想要的生活。由于他做什么事情都肯付出努力，凡是他做过的事情都取得了巨大的成功。

他当过健美运动员：从 1969 年到 1997 年，他几乎包揽了所有的世界级健美冠军，包括五次“宇宙先生”，一次“世界先生”，七次“奥林匹亚先生”，成为当之无愧的健美运动王中之王。1997 年，国际健美联合会授予施瓦辛格“20 世纪最优秀的健美运动员”金质勋章。

他当过演员：从 1970 年施瓦辛格拍摄《大力神在纽约》开始，至今已主演近 20 部动作片，几乎部部叫座，在全球影响极广。其中最大的商业成功是《终结者》，使他成为全球收入最高的演员。“终结者”也成为好莱坞的经典形象之一。施瓦辛格的名字已成为动作片的代名词，也是票房的保证。更难得的是，他为拓宽戏路还出演了几部喜剧片，依然大获成功。这也是其他动作片明星所无法比拟的。

他还成功地当上了加州州长：歇影后，施瓦辛格开始参与政治，并且参加了州长竞选，2003 年成为美国加利福尼亚州州长。自此，他开始在政坛上继续谱写他的另一个神话。他说：“成功与贫富、出身、地位无关，只与努力有关，如果你通过努力付出还不能成功，那只能说明你还不够努力！”

↙

乔布斯不混小圈子

程应峰

史蒂夫·乔布斯的成功举世无双。他去世后，有人试图分享他构建世界最伟大公司的秘密，比如关注细节、吸引世界级天才并让他们保持高水准等。

有人评价说："乔布斯有两个长处，即'狂热专注、永远好奇'，正是这两点，帮他赢得了其他的一切。"

是的，乔布斯的好奇心与生俱来。因好奇心的驱使，他自小就和父亲一起修机器，在学会手艺的同时开始专注细节；他放弃了大学学位参加书法班，培养了良好的审美观；他去印度研究佛法，造就了苹果的简洁风格……在他人看来，他混迹于各种领域，涉及面太广，是不够专注的表现。但他们哪里明白，他的这种"不够专注”是致力于跨界尝试，是一种内在的、骨子里的“专注”。

在好奇心的驱动下，充满激情的乔布斯有了独特的洞见、技能、价值观，并能以固有的人格魅力吸引世界顶级人才来帮助自己。而乔布斯的专注，又让这一切在他的电子世界开花、结果。同时，他的好奇和专注让他创设出了开合有序、收放自如的关系网络，他借此赢得了无与伦比的竞争优势。

关系网越封闭，听到的越可能是相同的想法，久而久之，会让一个人的思想观念僵化；关系网越开放，越有可能听到新想法，新思维，会滋生更多走向成功的机会。所以说，开放而非封闭的关系网络，对事业获得成功，是最佳路径，也是最好的预判。

拥有开放而非封闭的关系网络，正是乔布斯不同于常人之处。通常状况下，人们都在一个封闭的小圈子里，度过自己的职业生涯，这个圈子里的人都彼此熟识，有大体相同的背景，做着八九不离十的事情。在这个封闭的网络中，想做事，想成事变得顺畅容易，因为人们在这里已经建立了互“信”关系，熟悉明面上的规则和潜在的规则。这是一种舒适的状态，整个群体看世界的方式没什么两样，这个群体因圈子的存在而牛气而精彩而风光无限。

但乔布斯不是这样，他不混小圈子。他知道小圈子是一种封闭的网络，在这样封闭的环境中，一个人是不可能有大造就、大作为的。于是他跳出这样三五成群的小圈子，将自己置身于开放的人际网络中。他在开放的网络中获取机遇，获得挑战市场的能力。他利用开放的网络，不断摄取人生经验和知识技能，造就出他人所不及的独特能量。

在开放的关系网络中，他经历着，尝试着。一段时间之后，一些基于所见所想的新想法就不由自主地产生了。

乔布斯对不同行业的好奇心，让他最终建立了自己独特的观察视角、跨行业的技能以及丰富的人际关系。他将自己的这些优点以极度吻合的方式，应用到了世界上最大的公司——苹果公司，借此聚集世界顶级人才，顶级产品，最良性的运营规则。他的这一成就，在整个计算机领域无人可及。

↘

得到之前，要先学会付出

西 武

一个人在沙漠中行走，遇到沙暴。一阵狂沙吹过之后，他已认不清方向。就这样，他在沙漠中漫无目的地走了很久，直到食物和水全部都用完了。

当他快支持不住的时候，突然发现了一个废弃的小屋。他拖着疲惫的身子走进了屋子。这是一间不通风的小屋子，里面堆了一些枯朽的木材。他几近绝望地走到屋角，意外地发现了一台抽水机。

他兴奋地上前抽水，但无论他怎么抽水，也抽不出半滴来。他颓然坐在地上，却看见抽水机旁有一个用软木塞堵住了瓶口的小瓶子，瓶上贴了一张泛黄的纸条。纸条上写着："你必须将水灌入抽水机才能引水！不要忘了，在你离开前，请再将水装满！"

他拔开瓶塞，发现瓶子里果然装满了水！这时，他的内心开始斗争起来：如果自私点，只要将瓶子里的水喝掉，他就不会渴死，就能活着走出这间屋子！如果照纸条说的做，把瓶子里的水倒入抽水机内，万一还是抽不出水，水一去不回，他就会渴死在这地方了。

“到底要不要冒险？”最后，他决定把瓶子里的水全部灌入看起来破旧不堪的抽水机里。他把水灌进去，再用颤抖的手抽水，水真的涌了出来！

他喝足水后，又把瓶子装满水，用软木塞封好，然后在原来那张纸条后面，加上了他自己的话：“相信我，真的有用。”

我们在得到之前要先学会付出。建议人们在问“有谁能够帮助我？”之前先问问自己“我可以帮助谁？”因为在你诚心诚意关心别人时，别人也会同样关心你；在你帮助别人后，别人也自然愿意帮助你。

一个出身贫苦的男孩，为了积攒学费而挨家挨户推销商品。有一天晚上，奔走了一整天的他又累又渴又饿，但是口袋里只剩下一枚一角钱的硬币了。于是他决定到下一家时，向人家要餐饭吃。然而，当一位美丽的女孩打开房门的时候，他反而失去了勇气，只要求女孩给他一杯水喝。

美丽的女孩看出了他的疲惫和饥饿，微笑着给他端来一大杯鲜奶。男孩慢慢地喝完牛奶，问道：“我该给您多少钱？”女孩的答复却是：“一分钱也不用付。我妈妈教导我，施以爱心，不图回报。”

泪水涌上了男孩的眼眶，他轻轻地说：“那么，就请您接受我由衷的感谢吧！”说完，男孩离开了这户人家。此时，他不但感到自己的身体又有劲儿了，而且也对未来充满了信心。其实这个男孩原本已准备放弃一切了。

数年后，当年的那个女孩得了一种罕见的重病，当地的医生束手无策。她的家人只好把她送到大城市去，请那里的专家来诊治。

一位有名的医生参加了会诊。当他看到病历上的家庭地址时，他的眼中闪过别样的光芒，他马上从医院大厅跑到了楼上的病房。进了病房，他一眼就认出这位病人就是当年送满满一大杯牛奶给他喝的恩人。而当年的那个小男孩如今已是大名鼎鼎的霍华德·凯利医生了。

凯利医生回到自己的办公室，下决心要尽最大的努力来挽救病人的性命。从那天起，他就特别关照这个对自己有恩的病人。经过艰辛的努力，手术获得了成功。这名女孩的病被治好了，身体渐渐恢复。

后来，出院的账单被送到凯利医生手中，请他签字。医生看了一眼账单，然后在账单边缘写了几个字，让人将账单送进病人的病房。这名女孩不敢打开账单看，因为她知道，她得用全部余生来偿还这笔费用。

最后，她还是鼓起勇气，打开了账单，却惊讶地看到上面写着这样一行字：“多年前已用一杯牛奶全部付清。”后面的署名是“霍华德·凯利医生”。

在人生的漫漫长路中，我们肯定会遇到许许多多的困难。在前进的路上，搬走别人的绊脚石，有时恰恰就是在为自己铺路。帮助别人，有时就是帮助我们自己。生活常常就是这样。只要你尽可能真诚地帮助别人，成功就会来陪伴你。

↘

心动不如行动

彭忠富

约翰·D·斯普纳，美国著名的投资顾问兼畅销书作家，年轻时尚未成名，特别仰慕海明威，就是《老人与海》的作者，海明威被誉为“文坛硬汉”，可惜最后自杀了。

1959年的夏天，斯普纳去西班牙的潘普洛纳度假，看斗牛比赛。斯普纳得知海明威也在这里，非常兴奋，急切地想见到偶像，哪怕说几句话也是幸福的，说不定能套出他成为文学巨匠和富翁的秘密。海明威前几年刚荣获诺贝尔文学奖，彼时又出版了小说《太阳照常升起》，风头正劲。

那个夏天，海明威穿梭于各个斗牛场之间，欣赏西班牙两个顶级斗牛士之间的角逐：老将多明戈和后起之秀奥德涅斯。他俩实力相当，难分伯仲。海明威的身边总是围着一大群人，包括斗牛士、记者、拍马屁的人，还有史密斯文学院专业的学生。斯普纳只能远远地望着海明威，根本接近不了他，这真是近在咫尺却又远在天涯。

斯普纳跟着海明威整整三天，都没有寻找到搭讪的机会。在这三天里，成天被公牛追着跑，人人手里都提着一个葡萄酒囊，斯普纳就像置身于葡萄堆里被压榨了一样，嘴里、眼里、耳朵里、鞋里和衣服上全都是葡萄味。斯普纳提前到各大广场转悠，想碰碰运气。晚上睡在西玛卡的后座上，这是一种比天气预报还不靠谱的汽车。斯普纳睡得很少，大量喝咖啡保持清醒，有时坐在太阳底下，心想晚上睡在床上的人多么幸福啊！

有一天晚上，大约十点半，斯普纳跟踪海明威，看见他走出一家咖啡馆，在找地方吃夜宵。他走路时一蹦一跳，就像高中橄榄球运动员一样大摇大摆。他突然从他的随从身边跑开，示意他们等着，然后拐进了一条小巷子里。斯普纳看到，海明威正在主广场旁边的一个喷泉旁边小便。斯普纳走到海明威身边，拉开裤子拉链问道："介意我在你旁边嘘嘘吗？"

海明威看着斯普纳说："嘘嘘是娘们的事情，"他说，"男人是撒尿。"

"我其实想写小说，想跟你学学，"斯普纳说，"不是想嘘嘘。"

海明威哼了一声。"告诉你吧，小子，别总把你想干什么挂在嘴上，尽管做就是了。跟着公牛跑，看准牛角，像斗牛士一样。佯攻，出击，再佯攻，出击，就这么简单。做什么都不容易，写小说更难啊！”他说完后，就大摇大摆地走了。

真没想到，自己终于跟海明威搭上话了，不过却是在这样一种尴尬的情况下。“佯攻，出击，再佯攻，出击。”海明威把写作和斗牛扯在一起，难道二者之间有什么联系吗？斯普纳百思不得其解。不过当他看完这个赛季所有的斗牛比赛，他算是明白了，写作的确跟斗牛有关。斗牛士具备高雅、勇敢的灵魂，他们将技术和体力、柔美和勇猛完美地结合在一起，海明威不就是斗牛士一样的人吗？就连海明威代表作《老人与海》中的老渔夫，也是斗牛士一样的人物。面对强劲的对手，我们不能退缩，只能战斗，再战斗。

斯普纳顿时茅塞顿开，海明威没有教自己具体怎样写作，但是却传递给自己一种精神：“想干什么，不要挂在嘴上，要立即去做，这样才会有成功的可能。”

第 2 辑

努力的人生从无绝境

如　何　成　为　一　个　了　不　起　的　人

人在身处逆境时，适应环境的能力实在惊人。人可以忍受不幸，也可以战胜不幸，因为人有着惊人的潜力，只要立志发挥它，就一定能渡过难关。

——美国著名人际关系学大师　卡耐基

↘

聪明地弯曲，明智地妥协

西　武

每个人都有自己的原则，都有自己坚持的东西，可是，生活有时会逼迫我们妥协。这个时候，你是怎么做的呢？直愣愣地强硬拒绝，坚持自己的意见还是聪明地弯曲，找到两者的平衡点呢？

米开朗琪罗的《大卫》雕像是举世无双的艺术杰作。但在这件雕像完成之初，曾有主管官员因不满意它的鼻子而向米开朗琪罗提出了更为“高明”的修改要求。

在面对坚持还是妥协的选择时，雕刻大师会怎么做呢？让我们来看看这个有趣的故事。

经过反复的推敲和精心的雕琢，米开朗琪罗终于完成了大卫像的雕刻。对作品上下左右审视了一番后，他觉得非常满意。正在这时，主管这件事的官员过来了。

那位官员看来看去，似乎觉得不太满意。米开朗琪罗问：“有什么地方不对吗？”“嗯，鼻子太大了！”那位官员说。

“是吗？”米开朗琪罗站到官员的身边，在雕像前面看了看，恍然大悟般大叫了出来：“可不是吗！鼻子大了一点！没关系！我马上改！改完绝对让您满意！”说完他就拿起工具爬上架子，叮叮当当地凿起来。

随着米开朗琪罗的不断雕琢，掉下许多大理石粉。那位官员不得不躲开。过了好一会儿，米开朗琪罗终于雕好了。这一次，他请那位官员到架子上去检查：“您看，现在可以了吧？”

官员爬上架子看了看，高兴地说：“是啊！现在好极了！这样才对啊！”

送走那位主管官员后，站在一旁看到这一切的朋友问他：“我觉得你雕刻得很好啊！为什么他一说不好，你就马上修整？”

米开朗琪罗回答道：“我只是偷偷抓了一小块大理石和一把石粉，到上面做做样子而已，我根本没有改动原来的雕刻。那位官员觉得雕像有问题，是因为刚开始时他是从下面仰视雕像的。”这就是大师的高明之处。

实际上，妥协并不意味着放弃原则，一味地让步。在妥协与坚持之间还有第三条路可走，那就是明智地妥协，找到二者的平衡点。

任何东西“至刚则易摧”，只有“刚柔并济”才能无往而不利，正如剑在千锤百炼中通晓屈伸后才能削铁如泥。讲原则的人虽然让人生敬，但也可能让人生“畏”，而那些既坚持自己的原则，又懂得妥协的人才可敬而且可亲。

所以，做人不能太死板、太生硬、太严肃，不懂得转弯，人生之路会越走越窄。

↙

水之于容器，随缘万方

西 武

有一个人在社会上总是不得志，于是有人建议他去找智者。

他找到智者，诉说了自己的烦恼。智者沉思良久，默默舀起一瓢水，问："这水是什么形状？"这人摇头："水哪有什么形状？"智者不答，只是把水倒入杯子，这人恍然大悟地说："我知道了，水的形状像杯子。"

智者没有回答，又把杯子中的水倒入旁边的花瓶，这人又说："我又知道了，水的形状像花瓶。"智者摇头，轻轻提起花瓶，把水倒入一个盛满沙土的盆。清清的水便一下渗入沙土，不见了。

这人陷入了沉思。

智者低身抓起一把沙土，叹道："看，水就这么消逝了，这也是一生！”

这个人将智者的话咀嚼良久，高兴地说：“我知道了，您是通过水告诉我，社会处处像一个容器，人应该像水一样，盛进什么容器就是什么形状。而且，人还极可能在一个容器中消逝，就像这水一样，消逝得无影无踪，而且一切无法改变！”这人说完，紧盯着智者的眼睛，他急于得到智者的肯定。

“是这样。”智者拈须，转而又说，“又不是这样！”说完，智者出门，这人随后。在屋檐下，智者蹲下身，手指在青石板台阶上摸了一会儿，然后顿住。这人把手指伸向刚才智者手指所触之地，他感到有一个凹处。他迷惑，他不知道这本来平整的石阶上的“小窝”藏着什么玄机。

智者说：“一到雨天，雨水就会从屋檐落下。看，这个凹处就是水滴长期击打造成的结果。”

此人遂大悟：“我明白了，人可能被装入容器，但又像这小小的水滴，改变着坚硬的青石板，直到破坏容器。”

智者说：“对，这个窝会变成一个洞！”

这个人答：“那么，我找到答案了！”

智者不语，用微笑和沉默送别这个人。这个人离开了智者，重新回到社会，这世间又多了一个充满活力的人。

我们每个人之于社会，犹似水之于容器。生活是不公平的，你要去适应它，要像水适应容器一样适应社会，盛进什么容器就是什么形状，同时还要具备滴水穿石的恒心与毅力。只有这样，你才能将命运掌握在自己手中，走出宽阔的人生路。

↙

假如蜗牛没有了壳

西　武

公元前 1 世纪，凯撒大帝率领他的军队抵达了英格兰，他决心要打赢这场战争，不管遇到什么情况都不会后退。为了让士兵们明白自己必胜的决心和信心，也为了断绝士兵们逃跑退缩的念头，凯撒命令士兵将运载他们的所有船只都烧毁。这使得军队的士气受到了莫大的鼓舞。最终，他们在这场战争中获得了胜利。

背水一战、破釜沉舟的军队往往能获得胜利。同样，一个做事不留退路、一心向前的人，不管遇到什么困难和障碍，都不会后退，因为他没有路可以退。而那些在为自己准备退路的人其实就是在后退，他们立志不坚，把精力和时间投入到退缩的准备上，这种人绝不会获得成功。

很多人在处理重要问题的时候，总是喜欢把这些问题暂且搁置在一边，等以后再做。他们没有决定的勇气和魄力，总是想在着手做事前给自己留一条后路，以免没有退路。对于他们来说，退路就是出路。但是，事实证明，这样是不会有任何成就的。

有的时候，你给自己留的退路就像蜗牛背上那重重的壳，只是给自己套上了一个套子，使自己拥有了一种安全感。然而就是因为这虚妄不实的安全感，让你轻易地放弃了丰富多彩的生活和广阔的空间。

蜗牛为什么有壳？那也是因为它永远都给自己规定了一种保全的观念，永远给自己留了一个万一。一个人为什么不能坚持到底？我想也是因为他根本就没有倾尽全力，他总是事先就给自己留好了退路。实际上，一个人能否成功，关键在于他意志的强弱。

意志坚强的人不管遇到什么困难和障碍，都会百折不挠，想方设法地克服；意志薄弱的人一遇到麻烦，甚至在挫折还没有到来之前，他们就开始庸人自扰，彷徨失措，把精力都放在如何规避问题上，放在为自己铺设的后路上。当困难一个接一个到来时，他们就一步接一步后退，最后他们终将无路可退。

现实生活中，这样的人并不少。他们富有上进心，希望有一番成就和作为，但是他们意志薄弱，没有必胜的决心，不敢破釜沉舟；他们始终左摇右摆，没有坚定的信念，一遇到挫折和困难，马上就缩回了进取的手和脚。这样的人，这样的心态，最后遭受失败也就不足为奇。

不给自己留后路，让自己没有回旋的余地，方能竭尽全力，锐意进取。就算遇到千万个困难，也不会退缩，因为回头也没有路了，只能不顾一切地前进，也许还能找到一线希望。有了这样一种“拼命”和“豁出去”的信念，才能彻彻底底地消除心中的恐惧、犹豫和胆怯。

当一个人不给自己任何退路的时候，他就什么都不怕了，勇气、信心、热忱等从心底油然而生，到最后自然能“置之死地而后生”。就像蜗牛没有了壳，那它就一定不再是无骨无脊的软体动物。它也一定能长出健壮的腿，生出有力的翅膀，一定能脱离卑污、潮湿、阴暗的生存困境，摆脱依赖与怯懦，不再无奈地生存。

所以说，面对严峻的问题和重要环节，周全而细致地考虑问题的各个方面也是应该的，但是过多地权衡，前怕狼后怕虎，一会儿这样一会儿那样，最终却还是原样。要知道，出路和退路不是同义词，而是反义词，留退路就没有出路。因此，做事应该只找出路，不留退路。

↘

不要让挫折压倒你

彭忠富

我业余喜欢写点文章，看着自己不经意间写下的文字能在报刊上变成铅字，那种内心的喜悦真是难以言表。起初自然是在稿纸上写，装进信封给报刊社寄过去。现在托科技的福，在电脑上写作，再用电子邮件给编辑部发过去，比过去省事多了。

前不久第一次写了个短篇小说，给心仪的文学杂志发过去，几天后去看，收到的只有自动回复，没有编辑的意见，估计八成没戏了，心里顿觉十分怅然。不过想起上次参加某文学期刊的改稿会，一位编辑告诫说，编辑部每天要收到数百份稿件，如果编辑能够有耐性看完你的第一段，那么你已经算是非常幸运了。因为一个资深编辑，仅凭作者文章的几句话，就可以判定一篇文章的好坏。其实投稿、退稿和发表本来就是一个作者生活的常态，又何必放在心上呢？想到这些，我又释然了。

今日闲来翻张恨水所著的《写作生涯回忆》，我发现号称“民国第一写手”的大作家也遭遇过退稿。那还是张恨水初出茅庐的时候，他当时不到二十岁，父亲突然去世，家道中落。母亲独木难支，家里人口又多，一时竟然连张恨水的学费也快缴不上。张恨水在学校穷得连洗衣服的钱也拿不出来，就寻思着在文学上找点出路。民国初年的大中专学生，因为念过私塾，国文程度都不错，张恨水更是其中的佼佼者。他喜欢看《小说月报》，在背页的广告上，发现了征稿启事，稿费是千字三元。民国初年一元钱可以买三十斤上等大米，这千字三元的稿酬相当诱人，按米价折算，大致相当于现在的千字三百元。

那时张恨水就读的垦殖学校正因闹风潮而停课，于是他就在理化课堂上偷偷地写起小说准备投稿。三天工夫，张恨水完成了两个短篇。一篇是《旧新娘》，文言文的，大约三千字。一篇是《桃花劫》，白话文的，约四千字。前者是一对青年男女的婚姻乐事，是喜剧，后者是孀妇自杀的悲剧。完稿后，张恨水也没有请任何同学帮着斟酌一下，就直接投给了商务印书馆的《小说月报》编辑部。张恨水没有抱多大希望，因为当时能在《小说月报》上发稿的都是成名的作家，他不敢奢望自己的作品能被选上。

出乎意料的是，四五天后，张恨水就收到了编者恽铁樵先生的回信，信里并没有稿子，可见不是退稿信。信上说，稿子很好，十分钦佩，容缓选载。恽先生的回信让张恨水欣喜若狂，就告诉了要好的同学，自己即将在《小说月报》上发稿，实在是了不起。可是恽铁樵的一句“容缓选载”，一直缓了十年，直到他将编辑工作移交给沈雁冰，也没有把张恨水的两个短篇登载出来，稿子就这样被打入了冷宫。

十年的杳无音信，足以击垮一个文学愤青的自尊，可是张恨水没有。英雄自有用武之地，二十四岁那年，张恨水已经成为安徽芜湖《皖江报》的总编，开始编辑副刊，在各地副刊上连载中长篇小说了。

因为坚持不懈、勤奋努力和才华横溢，张恨水逐渐成长为民国第一畅销言情章回体小说作家，一生创作了 120 多部小说和大量的散文、诗词、游记等，总计约三千万言，现代作家中无出其右者。

↙

失败只是暂时还没成功

彭忠富

1862 年冬天的一个早上，凡尔纳刚吃过早饭，正准备到邮局去，突然听到一阵敲门声，开门一看，原来是邮递员，带来了一包鼓鼓囊囊的邮件。一看到这样的邮件，凡尔纳就感到不妙。自从几个月前，他把第一部科幻小说《空中旅行》寄到各出版社后，就陆续收到这样的退稿邮包，今天已经是第 15 次了。凡尔纳接过邮件，拆开一看，上面写道:“尊敬的凡尔纳先生，尊稿经我们审读后，不拟采用，特此奉还。某某出版社。”每次看到这样的退稿信，凡尔纳总是心里一阵绞痛。

苍天呐，难道我们这样的无名作者，就永远没有出头之日吗?要知道，再出名的作家，也是从默默无闻中走过来的。凡尔纳此时已经极度愤怒，那些出版社的编辑们太看不起无名作者了。凡尔纳愤怒地发誓，从此再也不写了，宁愿去做点小生意维持生活，也不愿意码字了。呕心沥血创作的东西，却被人视为毫无用处，那种打击对一个作家来说，简直就是致命的伤害。

凡尔纳抱起手稿向壁炉走去，准备把它们付之一炬。他想，就让手稿化为灰烬吧，在这个严寒的冬日，还能给家里带来丝丝暖意。凡尔纳的妻子正在房间里打扫卫生，她看到丈夫闷闷不乐的样子，赶紧走过来，抢过手稿，紧紧抱在胸前，像在庇护一个受到伤害的孩子。此时的凡尔纳余怒未消，说什么也要把手稿烧掉。妻子急中生智，安慰道："亲爱的，这是你几个月的心血呀，绝对不能烧掉。你不要灰心，再试一次吧。昨天晚上，我梦见了彩虹，这是好兆头呀，也许伯乐就在前面等着你。"

听了妻子的一番劝解，凡尔纳抢夺书稿的手慢慢放下了。"如果这本书稿能够顺利出版，将给家里带来一笔可观的收入。烧掉之后，就什么也没有了。"想到这里，凡尔纳决定接受妻子的劝告。他抱起这包书稿，到第 16 家出版社去碰碰运气。

这次凡尔纳没有失望，他遇到了出版商埃泽尔。埃泽尔读完书稿后，非常高兴，两人签署了第一份合同。在 1863 年，《气球上的五星期》(手稿名《空中旅行》)就售出了 3000 册，默默无闻的凡尔纳逐渐为广大读者所熟悉，成为知名的科幻作家。

无独有偶，凭借着《尘埃落定》一举成名的作家阿来，经历与凡尔纳类似。长篇小说《尘埃落定》写完后，阿来自己觉得还不错，就满怀信心地向出版社推荐，结果遇到意想不到的尴尬。不是杳无音讯，就是被婉拒：“小说不错，但是市场需要更通俗的小说，高雅文学读者不需要，出版了要赔钱。”也有出版社问能不能改改，阿来答：“两种情况可以改：标点符号和错别字。”在之后长达 4 年的时间，没有出版社愿意出版这本书，直到 1998 年人民文学出版社接手，这部堪称经典的小说才得以面世，以飨读者。

15 次的退稿信和 4 年等待的煎熬，足以让一个写作者变得狂躁不安，可是凡尔纳和阿来都坚持下来了，这才有了他们现在的声名。可见只要坚持自我，不屈不挠，总会有所成就。这个道理，不仅仅适用于写作者，无论你在哪个行业，只要坚持，终会有出头的一天。

↘

借别人的力量实现自己的梦想

周 礼

有一个年轻人十分不幸，他无论做什么事情，总是以失败而告终。于是，他愤愤不平地找到上帝，怒不可遏地指责道："你不是一个公平的主宰者！你欺骗了我和世间所有的人。"

上帝听后，不解地问："年轻人，你怎能这样说呢？我一向公正严明，仁慈友爱，大公无私，不知道有什么地方不如你的意？"

年轻人回答道："你非常偏心，让你喜欢的人一帆风顺，梦想成真；而让你讨厌的人举步维艰，失意痛苦，我就是最明显的一个例子。"

上帝微笑着说："年轻人，你恐怕误会我了吧！我给每个人的机会是一样多的，从不偏颇于任何人，至于为什么有些人走向了成功，而有些人走向了失败，那主要取决于他们对机遇的把握。可以说，一个人成功与否，关键在于个人修行，与我没有多大的关系。”

年轻人摇着头说：“不对吧！论才气，我比许多人都博学；论能力，我比许多人都强；论经历，我比许多人都丰富；论勤奋，我不比别人少付出。可为什么我总是失败，而那些不如我的人却取得了事业的成功，难道说这不是你偏心吗？如果你给我机会，我相信，我会比别人做得更好。”

上帝叹息着说：“就算我再给你一千次机会，结果也依旧如此，因为你根本没有认识到自己失败的原因。给你讲一个乌鸦猎羊的故事吧！‘在很久以前，有一只乌鸦想要吃羊肉，可是以乌鸦的本领，根本奈何不了任何一只羊，别说吃羊肉，恐怕连根羊毛都捞不着。不过，乌鸦并没有气馁，它想，虽然我对付不了羊，但狼可以，狼是羊的天敌。于是，乌鸦想了一个办法，它悄悄地跟在羊群的后面，趁它们不注意时，衔起地上留下的粪便，然后飞向天空，一旦发现周围有狼的踪影，乌鸦就将羊粪一路投掷下去，给狼提供信息。狼嗅着羊粪的味道，轻轻松松地就找到了羊群。狼吃饱喝足后，剩下的骨头残肉就成了乌鸦的美餐。就这样，乌鸦凭借狼的力量，如愿以偿地吃到了羊肉。’”

年轻人听后，不明所以地说：“这的确是一个不错的办法，可它与我的失败有什么关系呢？”

上帝说：“每个人都有自己的长处和短处，就像乌鸦和狼一样，我们不仅要充分利用自己的长处，还要想办法利用别人的长处。你失败就失败在过于狂妄自大，想要凭个人的力量战胜一切。曾经有很多次机会摆在你的面前，只是你好大喜功，不相信别人，害怕别人抢了你嘴边的肥肉，结果你与成功失之交臂。而事实上，很多时候，个人的智慧是有限的，单凭个人的力量远远不够，当我们遇到无法逾越的障碍时，何不向那只聪明的乌鸦学习，与人合作，借助他人的力量来实现自己的梦想，达到两全其美的目的？”

年轻人听后若有所悟。

积累才能破茧成蝶

卓 文

毕业季来临，公司市场策划部招进来一位大学生，他和一般大学生一样，对新工作充满了热情，很是勤奋，每天第一个上班，最后一个下班。与公司领导交谈，他说道："我现在什么都不会，就是想通过这份工作，多多积累经验，让自己迅速成长起来。"

果然，他说的和做的一样。在工作中，不断总结自身的经验，对自己不明白的地方，想方设法通过多种途径弄明白弄透彻为止。对那些项目上可以改进的环节和流程，他竭尽全力地想办法，无数次修改，寻求最佳的方案。

一次，公司召开会议，对一场市场策划活动进行分析。在会议上，他发现了活动策划的一个促销环节存在漏洞，就立马向领导反映情况，并提出了他的建议及整改想法。没想到这得到了领导的认可，领导立即让策划部的所有成员回去修改方案。回到办公室里，回想起会议上领导对他赞许地点头，同事对他的认可，心中充满了喜悦之情。他暗下决心，继续努力工作。

没曾想，过了一段时间后，他在工作中频频受到阻力，一些他认为非常好的策划却被客户退回整改，一些他觉得完美的策划却遭到上级否认，策划执行难以推进。渐渐地，他开始失去信心。当他的策划案再一次被退回，客户命令他在一周内重新拿出一份新的策划案时，他心灰意冷，考虑再三，觉得这份工作不适合他，于是他步履沉重地走进老总办公室提出辞职。

老总听完他的话，笑了笑，对他说："安心工作吧，你的辞职信我会保留。等你再次来我办公室对我提出辞职时，我希望你是以轻松的心态来的。到那时，我不会留你。"老总的话让他一阵感动，他心里很疑惑，欲言又止。老总笑着对他说："好好干，多积累。"听完，他释然了。这句话打消了他辞职的念头，坚定了他继续干下去的念头。

在以后的工作中，他多了一些理智和冷静。在为客户制定策划方案时，主动了解客户的喜好和市场的需求，在弄清楚一系列的情况后再开始策划。当上级领导否定他的方案时，他与领导沟通，通过各种渠道去了解自己的方案中哪些环节存在缺陷，清楚后积极改正。

终于，三年后他心情愉悦，脚步轻快地进入老总办公室。老总让他坐下来，依然对他微微一笑。这一次，他的身份和以往不同了。在几年的积累中，他制定的多套策划案被成功运用，不仅给公司带来了巨大的利益，也让他在圈子里声名鹊起。看到老总对他的示意，他终于问出了几年以来的疑惑：当初辞职时，为什么没同意，还鼓励他。老总感慨地说道："当初没让你辞职，是因为你资历尚浅。你在一次次的挫折中被困难蒙住了双眼，不相信自身的能力。而我，相信你的实力，也相信你可以在工作中慢慢积累，最终得到大众的认可。破茧之前，是需要慢慢地积累，到一定时候，方能一举成蝶。"

听了老总的话，他工作更加勤奋，也更加理性地认清自己的实力。一段时间后，他被提升为市场策划部主管。他的成功，得益于他勤奋做事的态度，得益于他静心积累的理念，最终破茧成蝶，在属于自己的蓝天里畅快翱翔。

↘

苹果里有一颗星星

西　武

很多事情如果你能换一个角度，换一种思维来看的话，会有完全不同的结果。正所谓“塞翁失马，焉知非福”，一个人的错误，可能会成为另一个人的新发现。

孩子回到家里，向父母讲述幼儿园里发生的故事：“爸爸，你知道吗，苹果里有一颗星星！”

“是吗？”父亲轻描淡写地回答道，他想这不过是孩子的想象力，或者老师又讲了什么童话故事了。

“你是不是不相信？”孩子打开抽屉，拿出一把小刀，又从冰箱里取出一只苹果，说道：“爸爸，我要让您看看。”

“我知道苹果里面是什么。”父亲说。

“来，还是让我切给您看看吧。”孩子边说边切苹果。

我们都知道，正确的切法应该是从苹果的茎部切到底部窝凹处。而孩子却是把苹果横放着，拦腰切下去。然后，他把切好的苹果送到父亲面前：“爸爸看啊，里头有颗星星呢。”真的，从横切面看，苹果核果然呈现出一个清晰的五角星。

许多人一生不知吃过多少苹果，总是规规矩矩地按“正确”的切法把它们一切两半，却从未想到苹果里居然还藏着一颗星星。

不论是谁，第一次切错苹果，大凡是出于好奇，或由于疏忽所致，但并不是所有的人都能从切错的苹果中发现那颗星星。所以说，同样一件事，好与坏，关键在于你自己从哪个角度去看。成功的人，在每一次的失败中都看到另一个机会；而失败的人，则是在成功将要来临前就停下了脚步。

发明家爱迪生想从植物体中找出天然橡胶的新原料。他为此做了无数次的实验。当他在第五万次实验失败后，他的助手泄气地对他说：“爱迪生先生，我们已经做了五万次的实验了，都毫无结果。”

“有结果！”爱迪生热切地叫出声来，“我们有了不起的结果呀，我们现在已经知道有五万种东西是不行的！”

有人看到难题，有人却看到机会。两个人同时向窗外望去，一个看到的是地上的污泥，另一个看到的是天上的星星。谁能获得成功的青睐，谁又会把人生的路越走越窄，是毫无疑问的。要知道，

“危机”包括了“危险”和“机遇”，只是我们习惯性地只看到“危险”而看不到“机遇”。

当你下次遇到难题时，先试试换个角度去思考，用心捕捉危机中的转机，那你就会从一个新的开始走向更美好的明天。

↙

把帽子扔过墙去

西　武

吉米在上中学的时候，对生活就有着一种独特的感受，进而萌生了从事创作的冲动。每当夜幕降临，望着满天的星斗，吉米都会浮想联翩，流畅地打好腹稿。然而到了第二天，一拿起笔来，思绪总是乱作一团，有时甚至连标题都想不出来。

一个五彩缤纷的愿望，虚构了很长时间，每每都搁浅在起步上，搞得吉米悻悻不可终日。日子在无为中被消耗得没留下一点痕迹，吉米感到了从未有过的茫然。

这一年，吉米到巴塞罗那办事，期间邂逅了一位经商的朋友。让吉米感受颇深的是，这位从前的小商贩，如今已是一家大公司的老板。他们走进一家酒馆，点了一桌美味佳肴，对饮起来。

喝得面赤耳热之际，朋友向吉米吐露真言："不瞒你说，我刚出道时遭遇过很多次失败。幸运的是，每一次我都强迫自己，赶快打起精神奋斗下去。"说到这里朋友举起酒杯，排遣着无限的感慨一饮而尽。

"强迫自己！"吉米恍然大悟，美好的意愿之所以成空，就是自己缺乏义无反顾干下去的坚定意志。从这一天开始，吉米决定强迫自己行动起来，以积极的态度面对失败。很快他就进入了挥洒自如的状态，成功的喜悦涤荡了所有困惑。

人生有时就是这样，想得很美，做起来却没有那么容易，美好的梦想总是走不出梦境。只有以坚定不移的决心"强迫自己"，才能勇敢地走下去。施耐德的父亲就是这样的人。

有一次，施耐德逃避了一件该做的事。他的父亲知道后对他说："把你的帽子扔到墙那面去。"施耐德困惑不解地问道："这是什么意思？"父亲说："面对一堵难以逾越的高墙，如果你迟疑不决，那就把帽子先扔过去。这样你就会想方设法翻到墙那边去，我就是这样来到芝加哥的。"

施耐德的父亲在威斯康星州长大，对于自己何以离家别友来到芝加哥，他解释说："那年我也就20岁，除了一艘名为'迪西'的摩托艇，其他什么也没有。记得在一个夏天的早上，我携一包衣服，驱船来到芝加哥。由于一时找不到工作，我一度想要放弃自己的梦想，驾驶着'迪西'返回。然而我没有那样做，而是把帽子扔到墙那边。考虑到要想干一番大事业，就必须有一笔资金，我果断地将‘迪西’卖掉，断绝了自己的退路。”

后来施耐德的父亲到爱迪森联合公司工作，在一次舞会上认识了一位女朋友，就是施耐德的母亲。经过艰苦奋斗，他的父亲不仅在芝加哥成就了事业，也使全家人过上了富裕的生活。若不是当时自断退路，这一切都无从谈起。

所以，在我们为梦想奋斗的途中，如果遭遇到难以逾越的障碍而产生退缩的念头时，不妨把帽子扔过墙去。如果你想找回它，你就必须想尽一切办法抵达墙的那一边。斩断自己的退路，强迫自己继续前进，或许成功就隐藏在另一边的墙脚下。

↘

特殊的困难

卓　文

海伦·凯勒，美国著名的女作家、教育家，在她 19 个月大的时候因为疾病失去了视力和听力。但她很坚强，在学习中经历了特殊的困难，终于成为对社会有用的人。海伦·凯勒在其自传中写道：

我在吉尔曼先生的学校读二年级的时候，内心满怀希望，决心要有所成就。可是头几个礼拜我就遭遇到了事先没想到的困难。吉尔曼先生同意这一年让我主攻数学，我还必须完成物理、代数、几何、天文学、希腊文和拉丁文。不幸的是，我需要的许多书籍未能及时被做成凸字版供我学习，而且，某些课程的重要器材也还缺乏。班级人数很多，老师们不可能特别辅导我。莎莉文小姐不得不向我转读一切书本中的内容，代老师们做翻译，十一年来我第一次感觉到她的手胜任不了这项任务。

我必须在课堂上算代数和几何题，解答物理题目。起先，我无法做到，等我们买了盲文打字机，我才能记下功课中的步骤和内容。我没有办法用眼睛看黑板上画的几何图形，要得到清晰的图形概念就得在衬垫上用两端尖尖的直铁丝或弧形铁丝来作图。照着凯伊斯先生课程中的说法，我脑袋里必须装着图形和字母、假设和结论以及作图和证明的过程。换言之，每一种学习都有障碍。有时候，我勇气尽失，不自觉地泄露出我的心情，个中滋味每每想起就感到羞愧。何况，我困扰的问题事后还被人用来指责莎莉文小姐——虽然我在那边有许多好心的朋友，但她却是唯一可以让曲径变直、让荆棘变坦途的人啊。

不过，我的困难被渐渐消除。凸字版的书和其他器材被送到了，我恢复信心发奋努力。代数和几何是唯一让我拼命努力仍弄不懂的学科。以前我就说过，我没有数学天赋，并没有人充分向我解说困难点。几何图形尤其恼人，因为我看不见各部分之间的相关位置，即使在衬垫上也是如此。直到凯伊斯先生来教我，我才对数学有了清晰的概念。

正当我开始克服这些困难时，有一件事发生了，一切为之改变。

就在书本被送达前，吉尔曼先生开始劝说莎莉文小姐，说我学习太辛苦，尽管我郑重抗议，他还是减少了我口头问答的次数。起先，我们说好必要的话我会花五年的时间准备进入大学。但是第一年读完后，我的考试成绩很好。莎莉文小姐、哈包小姐（吉尔曼先生手下的主任老师）和另一位老师认为我只要再花两年时间就可以不太费力地完成准备工作。吉尔曼先生起先也同意这样做。可是当我的功课再次出现一些困难时，他坚称我用功过度，要我在他的学校再读三年。我不喜欢他的计划，我希望跟同班同学一起走进大学。

十一月十七日，我身体不舒服，没有上学。虽然莎莉文小姐知道我生病不严重，但吉尔曼先生听见后马上宣称我是由于体力不支导致生病，就擅自更改了我的课程。这样一来，我便不可能跟同班同学一起参加最后的考试了。吉尔曼先生和莎莉文小姐的意见不合。最终，母亲将我和妹妹密尔德瑞转出了剑桥女校。

拖延了一段时间后，亲友们安排剑桥女校的墨顿·S·凯伊斯老师来当我的家教，让我继续完成学业。后半个冬天，莎莉文小姐和我住在波士顿二十五公里外的朋友张伯林家。一八九八年二月到七月，凯伊斯先生一周两次到连坦姆镇来教我代数、几何、希腊文和拉丁文。授课内容由莎莉文小姐转译。

一八九八年十月，我回到波士顿。凯伊斯先生每周给我上五次课，一节课一个小时，历时八个月。每次他都会为我解释前一次课我不懂的地方，教授新功课，将我用打字机打好的希腊文习题带回去全部批改，然后发还给我。

就这样，我上大学的准备继续进行，没有中断。我发现自己一个人上课要比在课堂上接受教导容易得多，也愉快得多，不匆忙，也不混乱。家庭老师有充分的时间为我说明我不懂的地方，所以我的进步比在学校快，成绩也比较好。想要精通数学问题还是比精通其他科目要困难。我心想，代数和几何要是有语言和文学一半简单就好了。不过，凯伊斯先生连数学都能教得很有趣。他把问题切割得很小很小，让我的脑子可以很快吸收。他使我的头脑常保灵活和热切，训练我清晰地思考，冷静合理地寻求结论，而不是思路乱跳一通，什么结果都没有。无论我多么迟钝，他始终温和忍耐，相信我。我的愚昧往往叫最有耐心的人也吃不消。

一八九九年六月二十九日和三十日，我参加了拉德克里夫学院最终的考试。第一天考初级希腊文和进阶拉丁文，第二天考几何、代数和进阶希腊文。

学院当局不允许莎莉文小姐向我转读试卷。于是，柏金斯启明学校的一位老师——尤金·C·温宁先生受聘将试卷替我刻成美国点字版。对我而言，温宁先生是陌生人，除了刻点字，无法与我交谈。监考员也是陌生人，完全不想和我交谈。

点字版在语文科目的考试中效果不错，但等到考几何和代数，困难就发生了。我被搞得迷迷糊糊，浪费了不少宝贵的时间，我感到很泄气，尤其是在代数考试中。我虽熟悉本国通用的各种文学点字——英国、美国和纽约点法——但三种语言系统中的几何与代数记号和符号却有很大的差别。代数的学习中我只用过英国点字法。

考试前两天，温宁先生给我寄来了一份点字版的哈佛代数旧试卷。在我发现试卷中用的是美国记号后，非常恐慌。我立刻冷静下来写信给温宁先生，请他为我解释这些记号。我收到了回函，内附有另一份试卷和记号表，于是我开始学习这些符号。可是，代数考试前夕，我苦苦琢磨了一些非常复杂的例子，却依然区分不出方括号、大括号和根号的组合使用方法。凯伊斯先生和我都很难过，觉得第二天的考试结果可能不妙。不过，我们在考试开始前，先到学院请温宁先生更完整地为我讲解了美国点字符号。

几何方面的困难主要在于我向来习惯于读按整行印刷的命题，或者由别人以手指拼写在我手上。不知怎么搞的，虽然命题就在眼前，我却觉得点字让我搞不清楚，无法将阅读到的内容清晰地呈现在脑海中。考代数的时候更难熬。我自以为认识了考前临时学习的符号，其实根本是迷迷糊糊，更何况我看不见自己用打字机打出来的东西。我一向以点字法表达内心的计算过程。凯伊斯先生太信任我在脑海中答题的能力，所以没有训练我写试卷的能力。结果，我答题非常缓慢，必须一再地重读例题，才能了解到题目要求我做什么。说真的，到现在我都不敢确定当时我是不是把符号读对了。我觉得，要想随机应变真的很困难。但我不怪任何人。

拉德克里夫学院的行政委员会并未发觉他们把我的考试安排得多么困难，也不了解我必须克服多少奇特的困难。不过，如果说他们无意间在我的道路上布下了重重障碍，我倒有幸一一克服了，真是让人深感安慰。

↙

别将自己的脑袋密封

西 武

有这样一个故事，甲乙丙三个推销员到庙里卖梳子。

甲推销员到庙里一看，都是光头的和尚，谁也用不着梳头，只好无功而返。

乙推销员到庙里对和尚们说："用梳子刮头皮可以促进血液循环，健脑益智，对研习佛法有强记博览之效。"于是，他卖掉了十几把梳子。

丙推销员到了庙里，对住持说："善男信女们磕头之后头发都乱了，如果每个香案上都摆上几把梳子，让他们磕头之后能够梳理好头发，既体现了关心，又使善男信女们不会蓬头垢面，以免对佛不敬，岂不善哉？"于是他卖掉了上百把梳子。

上面故事中，甲乙丙三人去做的是同样一件事情，但为什么会得到截然不同的结果？这就是因为不同的人有不同的思路。

大多数人在思考问题的时候，往往都是从最普遍的思路去思考，却不知这样做限制了思维的宽度，导致解决问题的方法变少，有的时候甚至会束手无策。在遇到坎儿或者找不到解决办法的时候，你不妨跳出以往的束缚，从另一个角度去思考，这样也许就会“柳暗花明又一村”。换个思路，也许就有了出路。

美国有一家生产牙膏的公司，其产品优良，包装精美，深受广大消费者的喜爱。公司每年营业额蒸蒸日上。不过，公司业绩在第十一年、第十二年及第十三年呈现出停滞状态，每个月都只是维持同样的销售数字。

董事会对近三年的业绩感到不满，便召开全国经理级高层会议，以商讨对策。会议中，有位年轻经理站起来，对总裁说：“我手中有张纸，纸里有个建议，若您要使用我的建议，必须另付我5万元！”

总裁听了很生气地说：“我每个月都支付你薪水，另有分红、奖励。现在叫你来开会讨论，你还要另外要求5万元，是否有些过分了？”

“总裁先生，请别误会。若我的建议行不通，您可以将它丢弃，一分钱也不必付。”年轻的经理解释说。

“好！”总裁接过那张纸后，阅毕，马上签了一张5万元支票给那位年轻经理。原来那张纸上只写了一句话：将现有的牙膏开口扩大 1 毫米。

试想，每天，每个消费者多用一些牙膏，每天牙膏的消费量将多出多少呢？这个决定，使该公司当年的营业额增加了 32%。

一个小小的改变，往往会收到意料不到的效果。

当我们面对新知识、新事物或新创意时，千万别将脑袋密封，因为一个新的想法也许能让我们获得不少启示，从而改进业绩，改善生活。要知道思路决定出路，创新推动发展。在逆境和困境中，有思路就有出路；在顺境和坦途中，有思路才有更大的发展。

↘

不为退缩找借口

周 礼

那天，朋友手里夹着一根燃着的烟，信心满满地对我说："从明天开始，我决定戒烟。"

在我的记忆中，朋友戒烟已不止一两次，并且每次都信誓旦旦，但结果均以失败而告终。这次，朋友想出了一个办法，他决定每天少抽一点，从两包烟降到一包半，再从一包半降到一包，随后从一包降至半包，从半包降至一根，最后彻底戒掉。就这样，朋友怀着美好的希冀，再一次开始了他的戒烟之旅。

我满以为朋友这次一定能戒烟成功，谁知几个月后遇见他，仍然照抽不误，并且烟瘾比以前还大。我不解地问朋友，"按理说，一天少抽一根烟，应该不是什么困难的事，为何你还是没有戒掉呢？”朋友叹了口气说：“唉！起初，我也以为这个办法行得通，但事实上，只要兜里有烟，又哪能控制得住自己呢？我每次都告诫自己，这是最后一根，不能再抽了，但烟瘾发作的时候，我又会安慰自己，没事，就抽一根，以后慢慢来。现在，我总算想明白了，只要嘴里还叼着一根烟，你这一辈子就别想戒烟。”

听了朋友的诉说，我突然若有所悟。记得我刚上班那会儿，大家迟到、早退的现象特别严重。为了应对这一问题，领导特地制定了一项规定：凡迟到 15 分钟及以上者，一律按旷工处理。政策刚出台那段时间，大家的确遵守得很好，几乎没有什么人迟到、早退。然而，这种良好的现象并未维持多久，没过几天，大家就开始钻政策的空子，你说不能迟到 15 分钟，那我就迟到 10 分钟，这不算违规吧！后来，领导又将 15 分钟改为 10 分钟，但仍然有不少人迟到。最后，领导没有办法，只好一刀切，即无论出于什么原因，只要迟到 1 分钟及以上者，一律按旷工处理。新的规定虽然有些苛刻、不近人情，但从那以后再也没有一个人迟到了。

在日常生活中，人们总是喜欢采取循序渐进的方式来改变自己的不良习惯，以为这样就可以慢慢地解决问题，而事实上，到了最后问题依然存在，没有得到彻底的改变。人往往有一种惰性和依赖心理，喜欢安于现状。有过登山经历的人可能都有这样的体会，越是休息，就越是不想走路，就越是想要放弃，但如果一直坚持着走下去，反而能够顺利地到达山顶。

一个成功者，从不会为自己的不作为寻找借口，也从不会对自己说，不用着急，以后有的是机会。他们无论遇到什么问题，总是当机立断，不达目的誓不罢休。一个总是对别人说“我明天怎么怎么样”的人，是很难真正改变什么的。慢慢来，从明天开始，这都是懦弱者为自己寻找的借口。既然已经意识到了问题所在，那为何不想办法让它一下子解决呢?

↙

机会不会自己送上门来

西 武

这个世界上，每个人都被机会包围着，但是，机会只有在被寻找的时候才会被看见。如果你只是被动地等待机会的到来，那只会错失良机。

你可能会说，我要上哪去寻找机会呢？其实，生活中机会无处不在，就看你有没有去寻找，比如电话。很多时候，一个电话，就会给你的事业带来转机，替你解决面临的难题，给你带来意想不到的收获。所以，如果电话老是不响，你应该主动打出去。你要明白机会只对主动寻找它的人显示。机会是需要你去主动争取的。

19 世纪时有一个瑞典青年，家境很不好，穷困得连肚子都填不饱了，更别提入学受教育。青年虽然在这种环境之下成长，但他一有多余的时间就自修，学习了许多关于建筑和化工方面的知识。

青年凭着所学的一些知识进入建筑公司，从小助理做起。因为表现出色，他先后协助一些有名的建筑师工作。在这段时间里，他积累了许多宝贵的经验和知识，再加上潜在的天分，逐渐在建筑界小有名气，为许多人所肯定。但是，由于他没有好的学历和出身背景，始终没有办法成为地位崇高的有名建筑师，青年为此十分苦恼。

有一天，他在街上远远地见到一群侍卫，簇拥着瑞典国王卡尔十四世出访。他情不自禁地想：如果我有国王这等际遇就好了。卡尔十四世原来是个法国人，曾是拿破仑身边的元帅。由于老瑞典国王十分赏识他的卓越才能，因此在临终之前收他为义子，让他统治瑞典。卡尔十四世没有辜负老国王的厚望，将瑞典治理得井井有条。

但是，国王高高在上，要怎么样才能引起卡尔十四世的注意呢？

“如果我能建造一个很特殊的建筑物来吸引国王，那就好了！”青年的眼睛一亮：“对呀！国王原来是法国人，那么如果我在瑞典建造一座类似法国凯旋门的建筑物，一定能引起他的注意。”

有了这个想法后，青年便四处奔走，最后争取到几位过去跟他有生意往来的企业家的支持。不久之后，他就在一座瑞典小城内，盖起了一座颇具法国凯旋门神韵的建筑物。

当国王经过小城，看到这个建筑物时，惊讶得说不出话来，睹物思情，缅怀过往，引发了许多的感慨。事后国王特别召见青年，夸赞他的建筑技术。

受到国王赞赏的青年由此声名大噪，各种媒体争相报道他和他的建筑作品。从此，这位青年一跃成为瑞典的建筑大师。

不去努力，坐在那里待价而沽的人，只会抱怨："我不是一个幸运的人，没有好运。"在待价而沽的人抱怨的同时，主动的人可能早已打开机会的大门，走上成功的道路。因为他们明白机会不会自己送上门来。在人生的道路上，如果你凡事不主动，只知道被动地等待，那就像下文的A一样，很难走出人生的低谷。

A和B沿着森林的小径前行，当天色越来越暗时，他们几乎看不清楚道路。突然间，他们掉进了被灌木丛和树叶覆盖的大坑洞中。如果没有外力的帮助，他们很难靠自己的力量爬出去，两人感到十分烦恼。

A坐下来后，便把脸埋在手心里，什么事也不做，而B却开始寻找脱困的方法。他在黑暗中不停地摸索，终于触摸到一根长树根，借助树根，他很快就爬出了坑洞，并帮助还在抱怨的A一起爬出来。

主动是决定一个人成功的关键。你应该努力成为主动寻求机会的人，而不是将你的勇气、智力或力气浪费在等待和抱怨上。前者能帮助你变得更有自信，也能为你赢得其他人的欣赏和尊敬。另外，你积极、目标明确的态度，也能为你赢得更多的机会。

↘

努力的人生没有绝境

西　武

几位业余登山爱好者在向一座高峰前进。半路上，突然狂风暴雨、电闪雷鸣，他们感到害怕，不知所措，是返回山下的宿营地，还是在这半山腰等待别人的帮助，抑或是继续前进？

“当然是立即下山了！”一位年轻人说，“到了宿营地，我们不就安全了吗？不用担心风雨和雷电的袭击……”说完他转身就要往下走。

还有几个声音在说，就待在这里不要动。

这时，一位经验丰富的登山者紧紧地拽住那个小伙子说：“千万不要下山！我们应该继续前进。”

小伙子听了觉得很奇怪，不禁问道：“为什么不往山下跑？山顶风雨不是更大吗？”

“往山顶走，固然风雨可能更大，却不足以威胁你的生命。至于向山下跑，看起来风雨小些，似乎比较安全，但却可能遇到山洪。”那位经验丰富的登山者严肃地说。于是大家在他的带领下，一鼓作气地爬上了山顶。

雨停时，已是傍晚时分。在下山的过程中，他们发现那条山路有些地方坍塌了，还留有雨水冲刷过的痕迹。再往下走，石块和泥沙堆积得到处都是。好几处石块下面还压着野兔、山鸡等小动物的尸体，看得出它们似乎没来得及挣扎就死了。

在大多数人看来，往山上走可能会遭受更大的风雨，耗费更多的体力，但是没有想到这样反而是最安全的。往下走或者待在原地看起来更加安全、更能保存体力，但是这样却有可能遇到骤然来临的山洪而危及生命。

在风雨和挫折面前，逃避只会带来更多的危机，况且生活中的很多事情是没有选择也无从逃避的，你只能勇敢地面对，努力地迎接挑战。

1921 年夏天，富兰克林·罗斯福患了脊髓灰质炎。此后，他走路再也无法离开拐杖了。坐在轮椅里被人推着走成了他生活中不可或缺的一部分。在这种常人很难接受的事实面前，罗斯福并没有逃避。他努力锻炼，保持一贯乐观的生活态度和对事业的追求。最终，罗斯福战胜了病魔，也学会了怎样引导处于惊慌之中的美国人民。

努力的人生没有绝境，面对风雨，逃避它，你只有被卷入洪流；迎向它，你却能获得新生！

↘

风雨过后才可见彩虹

卓 文

出生于1980年的石磊，算是赶上了80后的早班车。出生于教师家庭的他，从小就接受了良好的教育，深受新事物、新思想的感染，父母更培养了他在人生路上勇于探索、不断攀登的奋斗精神。

大学毕业后的石磊开始在北京的一家企业上班了。与大多数的同龄人相比，石磊可谓是顺风顺水，但是他却并不觉得，因为他的眼里有更广阔的天地。经过一番深思熟虑，石磊选择了一家进出口的贸易公司重新开始。当时的他，拿着5000多元的月薪，生活过得还算滋润。在这里的两年中，石磊了解了贸易市场，开始对自己的未来有了新的规划：人生能有几回搏，为什么我不去商海中一试身手呢？

2008 年是石磊生命中具有特殊意义的一年，这一年，他结婚了，也辞职了。辞职后的石磊准备在皮草行业一展身手。考虑到当时人民币正在升值期，石磊便把目光瞄准了进出口业务。但是金融危机的爆发与资金的短缺让石磊犯了难。这时，兄弟姐妹们的鼎力相助让他看到了希望。石磊在传媒大学附近租了一间办公室，注册成立了北京昊祺源进出口有限公司。当时的公司只有他、妻子、哥哥三个人，他的梦想就从这里起步了。

一开始，货源、资金的短缺迫使石磊只能寻找最便宜的货源，经过一番考察，他瞄准了毛皮质量好且价格低廉的西班牙巴塞罗那。

2009 年，石磊只身飞往西班牙。飞机落地时已经是当地凌晨一点多了。人生地不熟，加上语言不通，几乎折腾了一晚上，石磊才找到了自己订好的旅馆。筋疲力尽的他瘫倒在床上，眼睛已经困得睁不开了，但也丝毫不敢多待，因为这里的旅馆住一天要 240 元人民币，这对于创业初期的石磊来说，也是不小的支出。于是，短暂的休息之后，他便开始四处奔波寻找合适的货源。

孤身一人的异国他乡，其中辛苦可以想象。舍不得买饭，他就吃最便宜的街头汉堡，舍不得买水，他就喝街上的免费自来水。熬了一个多星期，石磊终于找到了货源。签单的那天晚上，他兴奋得一夜没睡。从此以后，他的货源问题解决了。

但是，人生不会总是那么的一帆风顺。2010 年，皮草市场遭遇寒流，毛皮价格大幅度下跌，赔钱的消息如雪片一样飘在整个毛皮市场，让不少经营者如临深渊。

熟悉国内市场的哥哥第一时间劝阻石磊，希望他谨慎决策，可是胜利的喜悦让石磊低估了市场的风险，他不顾哥哥的劝阻，义无反顾地又跟西班牙合作方签了一笔 30 万的订单。结果，这次他赔了 15 万。

有人说，成功靠的是胆识和魄力，胆子大、见识宽就是胆识，而拿得起放得下，就是魄力。经历了这场风雨之后，石磊变得更加成熟谨慎了，但同时也让他对整个行业的发展有了独特的看法。2012 年，毛皮价格又开始持续走低，整个行业都觉得市场不景气，要保守决策。但石磊却不这么想，天生的经商直觉再加上多年的历练让他坚信，毛皮市场的春天就要来了。在价格低谷期，他再次不顾众人的反对签下了 160 万的订单，几乎在货物到达国内的同时，毛皮的市场价格开始飙升，他的胆识和魄力不仅让他稳赚 80 万，也赢得了大家的认同。

如今，石磊的生意越做越大，不仅在国内有着不小的名气，在国外的供应商中也有着良好的口碑。

人的一生是没有一帆风顺的，生命的进程中总会遇到这样那样的风风雨雨，暂时的疾风骤雨并不能打倒我们，在风雨中保持我们坚守的姿态与坚毅的品格，就一定能看到美丽的彩虹。

第 3 辑

不行，就用二倍的努力

如 何 成 为 一 个 了 不 起 的 人

每个人都有一定的理想，这种理想决定着他的努力和判断的方向。就在这个意义上，我从来不把安逸和快乐看作生活目的的本身——这种伦理基础，我叫它猪栏的理想。

——爱因斯坦

↘

优势，其实没有远离你

西 武

某单位的外贸部有两位年轻人，一位是日语翻译，一位是英语翻译。两人都是名牌大学毕业，风华正茂。在单位领导的眼里，未来外贸部的经理就是两人中的一个。对此，两人心照不宣，在工作上暗暗较劲，你追我赶，每年的业绩都完成得十分理想。

因为单位有日商的投资，所以单位领导经常需要和日本人打交道，理所当然的，那位学日语的年轻人也就经常在公开场合露面。一时间，他在单位里的口碑好于那位英语翻译。

英语翻译坐不住了，照此下去，他肯定会处于劣势，失去很好的晋升机会。于是，他决定凭着大学时选修过日语的基础，暗暗学习日语，准备超越对手。

为了不让别人知道，他学日语是在暗中进行的。他几乎把业余时间都花在了日语的学习上。

几年过去了，他拥有了日语等级证书。他开始尝试着与日商进行对话，帮助营销员处理一些日文文件的翻译。

同事们对他掌握了两门语言十分佩服，他自己也颇有成就感。但是，就在他自我感觉良好的时候，他翻译的一份与澳大利亚商人的贸易合同在关键词上出现失误，给公司造成10万美元的损失。虽然事后公司通过谈判，挽回了部分损失，但公司董事长为此十分愤怒。

他也十分内疚，为什么会误译一个并不生僻的单词。反省再三，他醒悟过来，这些年只顾着学习日语，早已疏于对英语单词的充实和温习，错误的发生是不可避免的。

他在自己的专业上败下阵来，而且他的日语即使苦学几载，也无法达到对手的水平，他悔之不及。

许多时候，人们总是羡慕别人所拥有的能力，却对自己的优势视而不见。殊不知，在你轻易丢弃自己明显的优势去追寻其他目标之后，也许会发现它并不完全适合自己，到头来，反倒连自己的优势也消失殆尽了。

人只有在自己最有优势的方面不懈努力，才能成功。所以，明白自己的优势在哪里，懂得扬长避短是很重要的。

有一个十岁的日本小男孩，在一次车祸中不幸失去了左臂。因为他很想学柔道，就拜一位日本柔道大师做师父。他学得不错，可是练了三个月，师父只教了他一招，小男孩有点弄不懂了。

他终于忍不住问师父：“我是不是应该再学学其他招式？”师父回答说：“不错，现在你的确只会一招，但你只需要会这一招就够了。”

小男孩并不是很明白师父的话，但他很相信师父，于是继续练了下去。

几个月后，师父第一次带小男孩去参加比赛。小男孩自己都没有想到他居然轻轻松松地就赢下了前两轮。第三轮稍稍有点艰难，但对手还是很快就变得有些急躁，频频进攻，小男孩敏捷地施展出自己的那一招，又赢了。就这样，小男孩迷迷糊糊地进入了决赛。

决赛的对手比小男孩高大、强壮许多，也似乎更有经验。小男孩显得有点招架不住，裁判担心小男孩会受伤，就叫了暂停，还打算中止比赛，然而他的师父不答应，坚持说：“继续下去！”

比赛重新开始后，对手放松了戒备，小男孩立刻使出他的绝招，出其不意地制服了对手，赢了比赛，获得了冠军。

在回家的路上，小男孩和师父一起回顾每轮比赛的每一个细节，终于小男孩鼓起勇气说出了心里的疑问：“师父，我怎么凭一招就赢得了冠军？”

师父答道：“有两个原因：第一，你几乎完全掌握了柔道中最难的一招；第二，据我所知，对手对付这一招唯一的办法是抓住你的左臂。”小男孩恍然大悟，失去左臂居然成为他最大的优势。

故事中的小男孩是幸运的，他的师父替他发现了他最大的优势。你知道自己最大的优势是什么吗？如果你还没有找到，那从现在起，发现你的优势！

不论你境况如何，你都不会一无是处。你要明白，人总有缺点，总有自己擅长与不擅长的，就像梵·高各方面都很平庸，但在绘画方面却是个天才；爱因斯坦当不了一个好学生，却提出了相对论；柯南道尔作为医生并不出名，写小说却名扬天下……

每个人都有自己的特长和天赋，你只要找到自己擅长的一方面，多下些功夫，让它变得很突出、很优异，你就会获得意想不到的回报。因为人只有专注于自己有天赋的领域才能获得最大的成功。而在你不擅长的方面，你花再多的时间，下再多的功夫，也可能只是徒劳，就像有句俗语说的那样："别教猪唱歌。你白费功夫，猪还不高兴。"

↘

画一条更长的线

西　武

从前，在一片大森林里生活着各种各样的鸟，这群鸟在森林里生活得久了，不免产生了一些纷争，它们急需一个优秀的领导者。经过一番商议，它们决定推选一位勇敢而优秀的国王来领导大家。

大家正在为谁最优秀、最勇敢而议论纷纷时，一心想做国王的孔雀先开口了："各位，就选我做国王吧！我的羽毛是最美的！"

说着，孔雀就把它那美丽的尾巴炫耀似的展开了。

鹦鹉首先附和说："有这么漂亮的鸟做我们的国王，是一件值得骄傲的事。我们就选孔雀当我们的国王吧！"

这时，麻雀在一旁开口了："不错，孔雀是最美丽的。但是，我们身体这么弱小，当有外敌入侵时，它有能力来保护我们吗？与其选一个美丽的国王，倒不如选一个能在危险的时候能够挺身而出救我们的国王呢！”

众鸟听了麻雀的话，都点头赞成。最后，大家经过投票，选举了强悍凶猛的老鹰为国王。

学历就像孔雀那美丽的羽毛，是你的闪烁的光环，但它不等同于实力。虽然学历是敲门砖，可以让你更容易地打开成功之门，但是，如果你像那孔雀一样，只拥有可以用来炫耀的学历，却没有真正的实力，那你永远也不会有大的发展。

在当今社会，有实力是非常重要的。在成功的道路上，有无数的坎坷和障碍需要我们去跨越、去征服，只有拥有真才实学才能让我们有能力去解决问题，克服障碍。只有使自己变强，才是解决问题的根本，就像下面故事中那个一心想夺回冠军奖杯的搏击高手一样。

一位搏击高手参加锦标赛，自以为稳操胜券，一定可以夺得冠军。出乎意料的是，在最后的决赛中，他遇到了一个实力相当的对手，双方竭尽全力出招攻击。当比赛到了中途，搏击高手发现自己竟然找不到对方招式中的破绽，而对方却能轻易发现自己的漏洞。

比赛结果可想而知，搏击高手惨败在对方手下，也失去了冠军的奖杯。

他愤愤不平地找到了自己的师父，将对方和他搏击的招式演练给师父看，并请求师父帮他找出对方招式中的破绽。他决定根据这些破绽，苦练足以攻克对方的新招，以便在下次比赛时，打倒对方，夺回冠军的奖杯。

师父笑而不语，在地上画了一条线，要他在不擦掉这条线的情况下，设法让这条线变短。

搏击高手百思不解，不擦掉这条线，怎么会有办法使它变短呢？最后，他无可奈何地放弃了思考，向师父请教。

师父在原先那条线的旁边，又画了一条更长的线。两者相比较，原来的那条线，看起来变短了许多。

师父开口道："夺得冠军的关键，不仅仅在于如何攻击对方的弱点，正如地上的长、短线一样，只有你自己变得更强，对方就如原先的那条线一样，相比之下就变短了。使自己变得更强，才是你需要苦练的本领。"

在人生这条因人而异的道路上，实力才是你一生的资本。因此，你要不断地增强自己的实力，使自己变得更有能力，更强大。这样，你的人生道路才能越走越宽，越走越精彩。

↙

做了才会知道结果

周 礼

在做一件事情以前，我们总是顾虑重重，担心这，担心那，结果这件事还没有做就胎死腹中。针对这个问题，有一位学者做了一个实验，他让试验者把最担忧的事一件一件地写在纸上，然后过一段时间再打开，看有多少事情真正发生了。结果出人意料，人们所忧虑的事有 90% 以上都未发生，原来大部分的忧虑都是多余的。

有着“电脑大王”之称的王安在小时候就遭遇过这样一件事：有一次，他在外面玩耍，发现树上掉下一个鸟窝，里面还有一只不会飞的雏鸟，模样非常可爱。王安喜出望外，打算把这只鸟儿带回家中喂养，可就在他准备拾起地上的鸟儿时，他的眼前突然闪过母亲严厉的目光。母亲向来反对他养宠物，尤其是外面捡来的小动物。王安想，如果贸然将小鸟带回家，母亲不仅会毫不留情地将它扔出去，还可能狠狠地骂他一顿。想到这些，王安一下子陷入了烦恼之中，他不知道自己应该放弃小鸟，还是坚持自己的想法。

后来，王安想出了一个办法，他先将小鸟藏在一个隐蔽的地方，然后再回家跟妈妈商量，如果妈妈同意，他就将小鸟带回家，如果妈妈不同意，他就在外面悄悄地养。于是，王安匆匆忙忙地回到家里，并将自己的想法告诉了妈妈，他本以为妈妈会大发雷霆，拒绝他的请求，但他做梦也想不到，妈妈的态度非常温和，她微笑着对王安说："我儿子这么有爱心，妈妈支持还来不及，又怎么会反对呢？你赶紧将它带回来，别让它饿着了。"

王安听后飞快地跑出家门，来到他藏鸟儿的地方，然而，让他失望的是，那只鸟儿不见了踪影，旁边只有一只舔着嘴唇的野猫，显然那只鸟儿已经被它吃掉了。事后，王安非常懊悔，如果之前他果断地将鸟儿带回家，或许就不会发生这样的悲剧了。这件事对王安的人生影响很大，以至于后来，无论他遇到什么麻烦，总是乐观地看待一切，并尽自己最大努力去完成。因为他知道，很多事情只有做了，才会知道结果，之前再多的担心都是白费。正是凭着这种勇于实践的精神，王安后来发明了"磁芯记忆体"，并成为美国的五大富翁之一。

这样的事情我也曾亲身经历过。那天，我因孩子的转学问题需要办一个手续，之前，我有两个方面的忧虑，一是找不到人，因为学校已经放假，不少领导都度假或旅游去了，找人是一件很麻烦的事情；另一方面，现在找人办事都讲究关系，可我什么关系都没有，人家会给我办吗？怀着惴惴不安的心情，我来到了主管教育部门，没想到一位年轻的女士热情地接待了我，她看了我带来的资料后，二话没说，立刻签字盖章，丝毫没有为难我。接着，我又去了学校，只见办公室的大门紧闭，里面果然没有人，不过，门上却贴着一张纸，上面有某领导的联系电话。我抱着试一试的态度拨通了那个电话，十几分钟后，一位负责人来到我的面前，他仔细地审查了一遍资料，也毫不犹豫地签字盖了章。就这样，我花了不到一个小时的时间就把困扰我多日的事情一下子搞定了。

原来，很多事情并没有我们想象的那么麻烦、复杂，只要你大胆去做，就会有意想不到的收获。

↘

捅开那层窗户纸

西　武

我们时常会听到这样的感叹：“这件事太难了！估计我办不到，做不好！”实际上有些事并没有人们想象中的那么难，只是很多人在经历了几次挫折后，对自己失去了信心，不能突破心理高度的限制。他们自己给自己设置了一个心理高度。

为了研究心理高度限制的问题，生物学家做过这么一个有趣的实验：

他们往一个玻璃杯里放进一些跳蚤，这些跳蚤很轻易地就跳了出来，他们加高玻璃杯的高度后，结果还是一样。根据多次测试发现，跳蚤跳的高度可以达到其身高的100倍以上。跳蚤称得上是动物界的跳高冠军了。

接下来，实验者把这些跳蚤再次放进杯子里，同时在杯口加上一个玻璃罩，“嘣”的一声，跳蚤重重地撞在玻璃罩上。跳蚤十分困惑，但是它们不会停下来，因为跳蚤的生活方式就是不停地“跳”。一次次地被撞，跳蚤开始变得聪明起来，它们开始根据玻璃罩的高度来调整自己跳的高度。经过一段时间以后，这些跳蚤再也没有撞击到这个玻璃罩，而是在罩下自由地跳动。

几天后，实验者悄悄地拿掉了玻璃罩。跳蚤不知道玻璃罩已经去掉了，还是按原来的高度继续跳跃。一周后，那些可怜的跳蚤还在这个玻璃杯里不停地跳动——其实它们已经无法跳出这个玻璃杯了。它们已从一只只跳蚤变成了一只只可悲的“爬蚤”！

后来，生物学家在玻璃杯下放了一个点燃的酒精灯。不到五分钟，玻璃杯烧热了，所有的跳蚤发挥求生的本能，再也不管头是否会被撞痛（因为它们都以为还有玻璃罩），全部都跳出了玻璃杯。

现实生活中，有许多人也在过着这样的跳蚤人生。年轻时意气风发，屡屡尝试，希望成功，但是往往事与愿违，屡屡失败。几次失败以后，他们便失去信心，开始怀疑自己的能力，或者抱怨这个世界不公平。过去的失败被牢牢地刻在他们的记忆中。他们不再竭尽全力地追求成功，而是一再降低成功的标准，即使原有的一切限制早已消失。他们看不到形势的变化，以为过去办不到的事情，今天同样也办不到，就像那玻璃杯中的跳蚤。盖子虽然已经取掉了，但它们被撞怕了，或者已经习惯了，再也不敢努力向前。

另外，当一个人遭遇失败或受到挫折后，还会产生绝望、抑郁、意志消沉的情绪，从而错失下一次机会。这样，他们就永远生活在失败的阴影中，找不到成功的道路。

其实，跳蚤变成“爬蚤”并不是本身已失去跳跃的能力，而是在一次次受挫后学乖了，习惯了，麻木了。人也一样，在屡次失败后不敢再放手一搏，认为自己不可能会成功。社会学家把这种失败暗示的心理现象称为“自我设限”。

“自我设限”是很多人无法取得成功的原因之一，他们不敢追求成功。其实他们并不是追求不到成功，而是因为他们的心里面已经默认了一个“心理高度”，这个“心理高度”常常使他们受限：这件事是没有办法做到的。

其实成功并没有想象中的那么难，“心理高度”并非无法超越，只是我们无法超越自己的思想限制。许多障碍刚开始在我们眼里是那么沉重和无奈，等到我们鼓足勇气克服掉以后，才发现它们不过是一层窗户纸而已，克服它们并没有想象中那么难。

所以，你需要的只是调整心态，走出失败暗示的心理阴影，在结果出现前，不要轻易放弃任何一个机会，不要自己给自己设下成功的障碍。

不行，就用二倍的努力

卓 文

马克·吐温曾经说过：“19世纪出了两个了不起的人物，一个是拿破仑，一个是海伦·凯勒。”

美国盲聋女作家、教育家——海伦·凯勒，一岁半的时候患上了猩红热，因为重病，她丧失了听力和视力。对于一般人来说，这种痛苦是难以想象与承受的，但是倔强的海伦却并没有向命运屈服。

失去听觉，让海伦的说话遇到了极大的难题：不能矫正发音的对错，说话也是含糊不清。所以，对于残疾人来说，世界是黑暗而寂静的，想要像正常人一样的学习、读书、说话、写字，简直是不可能的事情。

海伦却不甘愿让自己的人生这样晦暗下去。在老师和父母的帮助下，她凭借自己坚毅的品质和不懈的努力，克服了种种困难，最终她不仅学会了讲话，还学会了用手指“听话”，此外，她还先后学会了英、法、德、拉丁、希腊五种语言。24 岁的时候，海伦以优异的成绩从著名的哈佛大学拉德克利夫女子学院毕业。

挑战命运的过程并不容易，但是海伦的“成绩单”显然要比很多正常人的更加优异。而海伦能有这样的成功，靠的正是自己后天的努力和不服输的劲头。

为了能清楚地发音，做到手口一心，海伦用一根小绳拴在金属棒上，叼在嘴里，绳子的另一端就拴在她的手上，每写一个字，她就念一声；为了能矫正歪歪扭扭的字迹，她自制了一个木框，通过装配滑轮来练习写字；为了更好地练习说话，她在莎莉文老师的提示下，将自己的手放在喉咙上去感受震动来矫正发声。

海伦从不浪费自己的时间，每天她都把自己的时间切割成 4 个时间段来学习：先是三个小时的自学，然后再通过两个小时的默记来记住自学的内容；之后再用一个小时的时间将自己所学的知识默写下来；其余的时间则通过练习写作来将所学的东西加以运用。

“我一定要努力把自己所学的知识记下来，这样才能成为一个有用的人。”这是海伦在自己学习过程中一直坚持的信念。每天她都坚持学习 10 个小时以上，这份艰苦卓绝的努力与她百折不挠的信心，让她掌握了丰富的知识，能够熟练的背诵出大量的诗词和文学名著的精彩篇章。

再到后来，她竟然能在 9 个小时内读完一本 20 万字的书。海伦不仅能够说出每章节的主要内容，甚至还能在两个小时内将书中的精彩句子、片段以及自己对书本的见解写下来。

曾经有一个在哈佛大学读书的博士，听到海伦的事情之后很不服气，想要跟她比试一番。在教员的认真监督和严格的时间规定下，海伦跟博士生进行了 3 场比赛，最终海伦获得了胜利。这位博士当即摘下自己的博士帽，恭敬地戴在了海伦的头上。

1959 年，联合国曾发起“海伦 · 凯勒”世界运动，号召全世界人民向她学习。

海伦把自己的毕生精力投入到了盲人、聋人的公益事业当中，受到了许多国家政府和人民的赞扬。她曾出版 14 部著作，她的自传作品《我生活的故事》也被翻译成多种文字广泛发行，成为享誉世界的经典名著。

↘

做一条奋力游动的鲨鱼

卓 文

在鱼类世界，硬骨鱼类的腹腔一般都有鱼鳔。鱼鳔决定着鱼的生死，一方面，它能产生浮力，使鱼能静止地待在水中；另一方面，它还能保持鱼腹中有足够的空间，在水压过大时能够保护内脏器官。

神奇的是，大自然中有一种鱼却没有鱼鳔，这种鱼就是“海洋霸主”的鲨鱼。令人吃惊到咋舌的是，鲨鱼早在恐龙时代就已经出现在地球上，至今已经超过五亿年，在近一亿年以来几乎没有改变。在漫长的时光中，鲨鱼用自己的王者风范、强者之姿，创造了无鳔照样在大海深处追风逐浪的神话。

很多科学家很好奇，鲨鱼是凭什么离开了鳔仍能活得精彩。经过很长时间研究，他们终于弄清楚了，鲨鱼没有长鳔，只要一停下来，身子就会下沉，所以它们只能依靠肌肉的运动，不停地在水中游动，这样才保持强健的体魄，练就一身非凡的战斗力。

总之，鲨鱼无鳔，是它的不幸，也是它的幸运。正是因为鲨鱼有天生的缺陷，它只能永不停息地奋力游动，也是这样造就了它的强大。

福祸相依、变幻莫测的人世也常常上演这样的奇迹。1982 年的一天，一个新生命出生在了澳大利亚。可是他带给周围人的不是喜悦，而是极度的震惊。因为他没有手也没有脚，只有一个小小的左脚掌上面连着两个脚趾。这个孩子的奇特样貌，让他的童年充满了嘲笑，他的生活充满了孤独和自卑。在他十岁的时候，他甚至痛苦得试图自杀。

在最后关头，他心里的一点阳光拯救了他。后来，经过无数次地艰难选择，他重拾了坚强与爱，也重新开始适应自己的生活环境。他很喜欢挑战自己，比如学习刷牙，这在普通人看起来很容易做到的事，对他而言却很艰难，因为他只能依靠移动嘴巴来刷。刚开始他也感觉到很困难，很挫败，但他最终依靠自己的毅力解决了。此外，他还学会了洗头、用电脑，甚至还能像常人一样玩滑板、游泳、踢球、钓鱼、骑马，还学会了开快艇……很多事情对普通人都是困难的，他能做到这些所需要克服的困难、付出的艰辛可想而知。

19 岁那年，他所在的学校举办了一场演讲比赛，这场演讲令他深受感动。此后，一个大胆的想法突然像阳光一样照亮了他的心。他暗下决心：我也要学习演讲，这样就能给更多的人带去希望。从此以后，他不断尝试，不断学习，每一步都走得格外坚定。

就这样，生活上、事业上他都将自己磨砺成了一个强人。这个没有手和脚的年轻人凭借不懈地努力，在28岁那年获得了两个大学的学位，同时还得到了澳大利亚“杰出青年奖”。他还在全世界很多国家进行公开演讲，和数百万人分享自己的故事，用自己的经历激励无数身陷困境的人们重燃希望之火！他经常在演讲中对人们说：“如果你知道爱，选择爱，你就知道生命的价值在哪里，所以不要低估了自己。”

这个人叫尼克·胡哲，他的名字就像他的灿烂笑容一样深深地刻在人们的心里！

心中有希望，脚下就有路。生活中有很多我们无法改变的障碍，很多人会在第一次失败后就决定放弃。只有学会积极看待，一次次尝试，永不放弃，才能完成自己的人生跨越，打造一条属于自己的强者之路。

没什么能阻挡你成功

周　礼

他很不幸，出生刚刚8个月，就因一场疾病失去了光明，使自己彻底陷入了黑暗的世界，以至于长大后，在他的脑海里竟没有一丝影像和颜色的记忆。除了无边的黑暗，他什么也看不见，不知道世界是什么样子，不知道花儿有多美丽，甚至连看一眼自己的妈妈都成了平生最大的奢望。

他的童年是苦涩的，没有人能体会他的内心有多么自卑，有多么脆弱，有多么痛苦。他觉得自己是这个世界上最可怜、最不幸的人，别人一生下来，就有一双明亮的眼睛，就可以看见世上的一切，而自己连爸爸妈妈长什么模样都不知道。因为看不见，他常常被碰得鼻青脸肿，常常被摔得头破血流，常常被别人嘲笑和欺负……他不知道自己将来还要面临多大的痛苦和磨难，未来对他来说实在太可怕了，他的眼里一点儿希望也没有。

每每看到他孤独、绝望、无助的样子，母亲的心虽也跟着难过、痛苦。从内心讲，哪个做父母的不希望自己的孩子健健康康、快快乐乐呢？可是，既然已经这样了，那就只能接受现实，扬长避短，把孩子培养成一个能够独立生活的人。母亲忍着眼里的泪水，鼓励他说："孩子，虽然你看不见阳光，但你可以让自己的心里充满阳光；虽然你不幸失去了光明，但你还有双脚、双手、鼻子、耳朵和嘴巴，更重要的是你还有一颗聪慧的脑袋，你完全可以靠自己的努力养活自己，甚至取得事业的成功。"

妈妈的话让他幡然醒悟，尽管他看不见任何东西，但他的触觉和听觉非常好，记忆力也相当不错，完全可以利用自己的长处，过上更好的生活。于是，他开始主动配合妈妈，跟着她学穿衣服、学走路、学煮饭、学做家务、学读书、学写字等。虽然他付出了常人数倍的努力，承受了常人不能承受的痛苦，但他最终学会了行走和照顾自己，他非常开心，也渐渐找到了生活的信心和勇气。

在母亲的教育和引导下，他的性格变得乐观而坚强。有一次，他跟着奶奶到外地去玩，一群不懂事的小孩追着他喊："小瞎子，看不见！小瞎子，没出息！"奶奶听后心里十分难受，想找那些小孩的家长算账，但他微笑着对奶奶说："奶奶，算了吧，我本来就是瞎子，他们没有说错，就让他们这样叫好了！"

8 岁那年，父亲给他买了一台电子琴，他欢喜异常，爱不释手，每天都要弹上好几个小时。他的音乐天分极高，一首曲子练习几遍，就能准确地弹奏出来，并且还能弹出从收音机里听来的歌，音符和节奏都很到位。母亲十分高兴，还专门给他请了一个音乐老师。但是，随着课程的繁复，学习的深入，难度的增加，他开始懈怠了。毕竟练琴是辛苦的、枯燥的、乏味的，更何况他还只是一个几岁大的孩子。

见此，母亲问他："你喜欢练琴吗？"

他点点头说："喜欢。"

母亲说："既然你喜欢，就应该坚持到底，做到有始有终，不要遇到点困难就想到退缩放弃。如果你不能坚持，怕苦怕累，那你做别的事情也会如此。这样下去，你就会一无所长，那将来能干什么呢？"

他听后，惭愧地拉着母亲的手说："妈妈，对不起！我知道该怎么做了。"

从那以后，他学会了控制自己的情绪，始终如一地做好每一件事情。十几年后，他终于闯出了一片属于自己的天地，成了一个举世瞩目的明星。

他就是集作词、作曲、演唱、乐器、模仿、主持等众多才艺于一身，被誉为艺界奇才的盲人歌手杨光，2007年他获得了《星光大道》的年度总冠军，2008年他受邀参加了北京残奥会开幕式演出，同年还参加了央视春节联欢晚会演出，2010年他又参加了广州亚残会开幕式演出。一路走来，杨光用歌声告诉大家，虽然他看不见阳光，但他的心里充满了阳光，只要自己不抛弃、不放弃，没有什么能阻挡你成功。

↘

学着和对手合作

西　武

“如果你不能战胜他们，你就加入到他们中间去。”这是1981年出任美国通用汽车公司董事长的罗杰·史密斯所倡导的原则。正是这个原则拯救了当时差点惨遭淘汰的通用汽车公司。

当时，世界石油供应处于暂时的紧张状态，通用汽车的竞争对手丰田、本田等日本公司借势强攻美国市场，并以其质量可靠、油耗低的优点攻城略地。在这种凌厉的攻势下，通用汽车在20世纪80年代出现了成立以来的首次亏损。

眼看日本汽车的总产量超过美国汽车的总产量，占据了美国市场1/4以上的份额，通用汽车公司董事长史密斯开始寻求变革。他在裁员数千人以削减开支的同时，将旨在对抗日本进口车的J型车推向市场，但是这种设计上存在缺陷的车型一经推出就折戟沉沙。公司撤下J型车后，花费了上百万美元研制S型车，但由于成本高，仍然无法与价格低廉的日本汽车进行对抗。

既然在正面对决中无法取胜，史密斯干脆偃旗息鼓，寻求合作，加入到竞争对手的阵营中去。从1981年8月开始，通用通过购买股权等方式，先后成为日本铃木和五十铃的合作者，让这些公司为其生产低价位的汽车。

此后，经过数月的谈判，通用又与丰田汽车公司在1983年达成联营协议，双方在美国设立汽车制造工厂。这样一来，双方在史密斯原则下实现了共赢：丰田由此可以避开美国贸易保护壁垒，不用担心进口配额限制，可以直接进入美国市场。通用则通过合作获得性能更好的产品和更先进的生产流程，以确保自己在以后的商业竞争中，不至于落后对手太远。

事实上，史密斯这种加入对方的策略对通用的发展起了至关重要的作用。如果他继续把日本汽车当作敌人，坚持用自主的品牌和技术来进行对抗，那么，通用辛辛苦苦积累起来的市场份额就会很快被日益强势的日本汽车吞食殆尽。

史密斯的这一原则为通用赢得了宝贵的时间，使得通用在与日本汽车工业的共生中巩固了自己的市场地位，也为通用汽车开发自主的低耗小型汽车新技术创造了条件。在短短三年内，通用汽车走出了亏损的低谷，获得了较大的盈利。

在面对竞争时，一般人通常的想法都是“有你无我，誓不两立”，总是采取一切可能的手段去击败竞争对手，将其逐出市场。但是，史密斯却反其道而行之，转过身去和竞争对手合作，建立战略联盟，靠合作来竞争。因为他知道，硬碰硬的竞争往往是两败俱伤的结果，而在竞争中采取共生的合作却不失为明智之举。

当我们实力比较弱，又面对着强有力的竞争对手的时候，共生的合作更能为我们扫清障碍，铺平道路，打开成功之门。

在微软刚创业时，基本上没有人知道比尔·盖茨和他的公司。与当时的电脑业大亨 IBM 相比，微软简直不值一提。

在当时，比尔·盖茨就已经认定，个人计算机将是电脑的主要发展方向，而为它服务的系统软件也将越来越重要。于是，他组织人员日夜奋战，开发研制新型的系统软件。他听说西雅图计算机产品公司已经研制出一种被称为 86-DOS 的操作系统，就马上以合适的价格买下其全部的版权，之后组织自己的研究人员进行改进，终于研制出了自己的操作系统——MS-DOS 操作系统。

在当时，微软公司势单力薄，根本无法完成自己的抱负——向社会推出这项产品。这时，比尔·盖茨想到了 IBM。

双方合作的基础首先是对双方都有价值。在当时，IBM 想向个人计算机方向发展，但它必须有合作伙伴，IBM 虽然十分强大，但要完成此项开发，软件上仍须合作。恰好，微软公司在软件开发方面具有一定的优势。

在会面前，IBM 让比尔·盖茨签署了一项保证不向 IBM 谈任何机密的协议。IBM 经常采用这种办法从法律上保护自己。这样，

IBM 今后即使从客户的设想和信息中赚钱，客户也难以起诉。但是，从这一例行公事中，比尔·盖茨立即明白 IBM 是在很认真地和他们商量合作事宜，因为如果 IBM 不想和他谈“正经事”的话，就不会拟协议。他兴奋地对同伴说道：“伙计们，机会来了。”

不过直到和 IBM 第二次见面后，比尔·盖茨才意识到，IBM 准备插手个人计算机领域。当时，比尔·盖茨只是认为如果能说服其使用微软软件就很好。于是，比尔·盖茨对与 IBM 合作倾注了满腔热情。合同的第一项订货是操作系统。完成 IBM 的项目，时间紧迫，软件的成品须在 1981 年 3 月底以前设计完成。比尔·盖茨带领自己的伙伴们向 IBM 交出了一份满意的答卷。

不久，IBM PC 研制成功了，微软 MS-DOS 操作系统也成为行业的唯一标准。IBM PC 销量日增，MS-DOS 操作系统的影响也与日俱增，为其开发的应用软件也越来越多，从而巩固了其基础地位。微软最终成了最大的赢家。

通过与电脑业巨人 IBM 的成功合作，微软挖到了自己至关重要的一桶金。正是这桶金成就了微软后来的辉煌。微软与 IBM 的合作很好地诠释了竞争中的合作能为你减少阻力，让你的事业之路越走越宽这一道理。

↘

不劳才会无功

沈岳明

拉尔夫·劳伦出身贫寒，由于一颗不甘平淡的心，他从小就外出打工，并开始自己创业。他从卖领带开始，慢慢地发展到拥有一家规模不小的公司。可是，一次金融危机，使他多年努力打拼的事业毁于一旦。

拉尔夫·劳伦被迫再次给人打工，为积累原始的创业资金而努力。在那家小公司，他白天辛勤地工作，晚上则去公司后面一个小树林里睡觉，因为租不起房，便在那里搭了个临时窝棚。在小树林里，他遇到了与自己同龄的流浪汉保罗，两人便聊起了天。当保罗得知拉尔夫·劳伦为了事业曾经历尽千辛万苦时，叹了口气，说："唉，我真为你感到不值！"

拉尔夫·劳伦不解地问：“为什么？”保罗说：“你看我，这么多年，什么事也没干，整天过着悠闲自在的日子，而你吃尽了苦头，操碎了心，可是到头来，我们两个不都是一样的吗？什么也没有得到！所以，我建议你还是跟我去流浪吧，该玩就玩，该睡就睡，反正劳也无益，什么也得不到！”

拉尔夫·劳伦立即说：“我跟你可不一样，你整天只想到玩，吃了睡，睡了吃，我还要去追求我的梦想，创建我的事业呢！”

保罗立即讥笑道：“你就别自欺欺人了，我的企业家，不劳无功与劳而无功，结果都一样，只是过程不一样而已。就说现在吧，你白天忙碌地干事业，我白天四处玩耍，到了晚上我们又都回到这个小树林里睡觉。你说，我们有什么不同？”

拉尔夫·劳伦想了想，说：“虽然现在看起来，我们没什么不同，但我相信，将来我们肯定会有不同之处的。不劳无功与劳而无功结果虽然暂时是一样的，但劳动过的人知道为什么无功，有了经验，会更容易成功。而不劳动的人，就永远也得不到经验，也是永远都无法成功的！”

不久，拉尔夫·劳伦凭借自己精湛的制衣技艺，被一家小公司聘为主管。几年后，利用手里积累下的原始资金，拉尔夫·劳伦又将公司开起来了，并且还创立了自己的品牌，最终进入了福布斯排行榜，成为富豪榜上的一员。同时，他还发展了慈善事业，成了远近闻名的慈善家。而那位流浪汉保罗，至今还住在那个小树林的窝棚里，靠慈善家们的捐助度日。

↘

成功的花需要每天浇灌

彭忠富

天地之间，梦想花开。梦想不是空想，不是瞎想，不是胡思乱想，更不是异想天开。梦想是一个美丽的愿景，就在我们前面咫尺之远，像母亲的手牵引着我们，虽然一路走得跌跌撞撞，但却毅然决然。因为我们始终能够感觉到，只要每天努力一点点，那么就会离梦想越来越近，从而收获梦想的甜蜜。

从呱呱坠地起，父母就将希望寄托在我们身上。母亲在用乳汁哺育我们之余，不断地对我们重复着“妈妈”或者“爸爸”类似的发音。他们不厌其烦，希望我们尽早学会说话，学会用语言表达自己的情绪。可是最初的我们，只会发出啊啊或哦哦的声音，如果大人不理解，我们就哇哇大哭，以哭声来吸引父母的注意，表达我们内心的某种需求。当我们在偶然的一刻，突然从嘴里迸出“爸”或“妈”的时候，父母一定会欣喜若狂。因为他们的付出总算有了回报，会说第一个字就不愁第二个字，我们最终会说得滔滔不绝。

接下来的梦想不外乎是走路了。起初只能爬行，但我们怎么能一直爬行呢？走路是我们成长的新目标。于是我们在父母的指引下，从在大人膝盖上练习站立开始，一步步离开父母的怀抱，从最初的战战兢兢，蹒跚学步，一直到昂首阔步，直到像箭一样跑向人生的新航道。我们的活动范围越来越大，而父母赋予我们的梦想也越来越多，我们也学会了独立思考，我们开始思考自己的未来。

“长大后你想干什么？”这是小学老师经常在班会课上引导我们辩论的话题。那时我们羡慕科学家，我们崇拜解放军，于是我们的理想就有了这些答案：“我要当科学家。”或者“我要当解放军。”就是没有人说：“我要当农民。”“千万不要再当农民了。农民苦，农民累，面朝黄土背朝天。”这是父亲经常教育我的话。有时候这句话来得更直接些：“你要不努力学习，长大后就像我一样担粪桶。”父亲的谆谆教诲，让我一刻也不敢放松自己的学习，每天努力一点点，总算离开了乡村那块令人无奈的土地，实现了不一样的人生价值。

而现在孩子们的梦想就比我们丰富多彩。我女儿这一代，说到梦想，那真是异彩纷呈。传统的当然还是医生、经理、教师这些职业，但现在有些孩子已经直接说出了：“长大后我想当官。”这样的梦想无可厚非，无论什么职业，只要能够成就自己人生就行了。这就是一个值得褒扬的梦想。

俞敏洪最初不是一个农家子弟吗？他连续三次高考，屡败屡战，终于考上北大，毕业后成为北大的英语教师，后来辞职涉足民办教育，开展英语培训，创立了新东方教育科技集团，企业在美国纽约成功上市。没有一定要创业的梦想，又哪有今天的总裁俞敏洪呢？

每个人都有自己的梦想，如果我们每天努力一点点，不偏离追梦的方向，那么一定会到达成功的彼岸。因为在这个世界上，根本没有过不了的河，没有走不完的路，也没有爬不完的山。梦想会开花，问问自己，今天努力了吗？

↙

哥伦布立起鸡蛋

西 武

哥伦布发现了新大陆之后，皇室为他举行了庆功宴。在宴会上，一位大臣不服气地说：“任何一个人坐上船航行，都能发现新大陆，有什么稀奇，值得大家这样大惊小怪！”有几个大臣也在旁附和。

哥伦布在旁一言不发，朋友们都为他着急，埋怨他怎么不辩解。过了一会儿，哥伦布叫仆役从厨房拿来了几个熟鸡蛋，请大家玩一个游戏——将鸡蛋竖立在桌上。许多人尝试过，却没有一位能将鸡蛋竖立起来。

这时，哥伦布拿起一个蛋，用蛋的一端朝桌面砸下去，蛋的一端破了，也就稳稳地直立在桌上。

满桌的王公大臣哗然，都叫着这算哪门子游戏，三岁小孩也会做。哥伦布听后不疾不徐地说：“虽然是很简单的游戏，你们却没有一个人会做，知道怎么做之后，大家却都说太简单了！”

其实，付诸行动比光知道怎么做更重要！只要你积极地付诸行动，再困难的事都有做到的可能，再遥远的梦都有实现的希望。就像下面故事中这个年轻的大学生最终实现了自己办一所大学的心愿一样。

有一位年轻的大学生，他在校读书期间发现大学的教育制度存在着许多弊端。于是他向校长提出了消除弊端的一些建议，可是校长并没有采纳他的意见。但是这位年轻人没有放弃自己的这些想法。经过一段时间的思索，他心中升起这样一个愿望：自己办一所大学，自己当校长来消除这些弊端。

办学校至少需要 100 万美元。一时间上哪儿去找这么多钱呢？等毕业后靠自己的努力去赚取，那太遥远了。他常常默不作声地坐在那里冥想苦思如何能拥有 100 万美元。同学们都认为他有精神病，整天想着天上掉馅饼的事。但他并不理会这些，他坚信自己可以筹到这笔钱。

有一天，这个年轻人终于想到了一个办法。他打电话到报社，说他明天要举行一个演讲，题目叫《如果我有 100 万美元，我会做什么》。在报社的宣传下，来听演讲的人很多。面对台下诸多成功人士，他在台上声情并茂地说出了自己的构想。许多商界人士被他的精彩演讲吸引住了。

演讲完毕，一个叫菲立普·亚默的商人站了起来，激动地对他说："小伙子，你讲得非常好。我决定赞助你100万，你大胆地按照自己说的去办吧。"

就这样，年轻人用这笔钱创办了亚默理工学院，也就是现在著名的伊利诺理工学院的前身。这个年轻人就是后来深受人们爱戴的哲学家和教育家冈索勒斯。

想法人人都有，但大多数人总是想想就算了。如果你光说、光想却不去做，那永远是原地踏步，根本到不了成功的彼岸。要知道，再长的路，一步步也能走完；再短的路，不迈开双脚也无法到达终点。

↘

认真吃好“回头草”

西 武

草原上有两匹马，一高一矮正在悠闲地啃着肥美的青草。它们心情舒适，边吃边聊，慢慢往远处走去。

“一会儿等我们吃完了这里的草，回头吃吧！你看还有好多草没有吃呢！”那匹矮点的马说道。高个儿的好马听后，不屑一顾地打了一个响鼻，根本就没有往后看，它心想：好马不吃回头草，往回走什么呀？还怕前面没有草吗？想到这里，它轻蔑地对矮马说：“我可不愿意辱没了‘好马’的名声，要吃你自己回头吃吧。”

两匹马一直往前走，可是草越来越少，它们已经接近沙漠的边缘了。矮马说：“我们还是往回走吧！恐怕再往前走就没草了。”

高个儿的好马还是那种傲慢的表情，坚持认为“好马不吃回头草”。于是，矮马回头走向草原，“好马”独自走向前方的沙漠。最后，那匹好马在饥饿的折磨下，一头栽倒在沙漠中。

好马只要回头就可以重新吃到美味的青草，可是它自己把自己的退路堵上了。

“好马不吃回头草！”这句话不知是谁最先说的，最先说出这句话的人应该为很多人的失意和悲剧负责任。因为这句话让人缺乏回旋的空间，不知道有多少人因为这句话丧失了大好机会，甚至自己把自己的出路堵死了！

信奉“好马不吃回头草”的人，大概以为这句话表达的是一种一往无前的勇气和志气，但是谁又敢肯定地说，这不是一种“意气用事”呢？“回头”往往也包含着新的机会、新的开始和新的面貌。可惜的是绝大多数人在面临该不该回头的问题时，都把“意气”当成“志气”，或用“志气”来包装“意气”，把“傲慢”当成“自尊”，明知“回头草”又鲜又嫩，却怎么也不肯回头去吃！要知道还有“苦海无边，回头是岸”这句话呢！

人活在世上，不要太过刚烈，也不可太过偏执。凡事留些余地，给自己和别人一些回旋的空间。当“好马”饿成“死马”时，就再也不是一匹“好马”了！所以，在考虑吃不吃“回头草”这个问题时，应该多考虑一些眼前的“时务”，也就是客观现状，例如：

——我现在有没有“草”可吃？

——能不能吃饱？以后会不会有草吃？

——如果不吃，我还能支撑多长时间？支撑的后果是什么？

——“回头草”到底有没有吃的价值？吃了对我有什么帮助？

考虑清楚后，如果“回头草”更好，那你就把“面子”“志气”这些抛开，认真地吃好“回头草”，把自己养成一匹更加精壮的马！时间会让人忘记你是一匹吃回头草的马。当你吃回头草有所成就时，别人会佩服你，认为你是一匹“好马”！

↙

将一口井深挖

西 武

记得很久以前曾经看过这么一个小故事，说是有一个人挖井，才挖了不一会儿，没有发现水就选择了放弃。换了一个地方继续挖，挖了一阵子还是没有挖到水，就又换了一个地方。他挖的每一口井都不够深，总是在即将挖到水的时候放弃了……如此反复，他始终没有在一个地方坚持挖出水来。

做事其实与挖井是一样的。有一批大学生被分配进了一家集体企业。没过多久，因为产品老化，管理不善，这家企业处于倒闭的边缘。于是大学生们纷纷离去，但有一位大学生留了下来。他每月只拿几百元的基本工资，吃睡在工厂里，没日没夜地为企业设计和开发新产品。

因为新产品研发的成功，这家企业又恢复了生机且日益壮大。那位大学生也成为该企业的董事长和总经理。员工们对他非常拥戴。成绩是做出来的，而不是跳出来的。只要你实实在在地埋头苦干，坚持将一口井深挖，你就能闯出一片属于自己的天地。

反过来看，现在不少刚毕业的学生，在一家公司刚待几天，就嫌不被领导重用，抱怨环境差、收入少等等，于是跳槽到另一家公司。他们从事过各种行业，今天做推销，明天做广告，后天做房地产工作……跳来跳去，就和上文中那个挖井的人一样，尽管挖了许多口井，但都挖得不够深，始终没有挖出水来。最后，他们发现由于自己的频繁跳槽，浪费了很多时间，知识和能力却没有什么长进。

其实机会一直都在你身边，你打了很多口井，刚要打好一口井的时候，你很大方地放弃了，所以看似到处都是井，却没有一口好井、一口深井。

现代社会不断发展，对个人的知识和经验储备也提出了更高、更广、更深的要求，泛泛地了解一些知识、技能和经验是远远不够的。

许多本来有前途的年轻人一开始无法果断地选择一个正确的方向持之以恒地走下去，结果直到年华老去仍然徘徊不定。他们企图掌握好几十种职业技能，最后发现还不如精通其中一两种。什么事情都只知道些皮毛，还不如在某一方面下足功夫，透彻理解。

许多生活中的失败者几乎都在好几个行业中艰苦地奋斗过，其实如果他们的努力能集中在一个方向上，足以使他们获得巨大的成功。如果人的一生只做一件事，那他一定能将这件事做到极致。阿甘那样有智力缺陷的人，能将乒乓球打成全美冠军，原因就在于他在做一件事时，集中所有精力将这件事做到最好。

同样，你看那些成功人士，哪个不是将所有精力集中在某一点上，长期坚持不懈，最后才挖出甘甜的井水？

“无论从事什么职业都应该精通它”这是成功的秘诀。现在，很多人最需要做到的就是“精通”二字。弄懂自己职业领域的问题，使自己比他人更精通，你就比其他人更有机会得到提升和发展。

所以说，挖百口井不如深挖一口井。与其花很多精力去挖很多口井，还不如将所有的精力集中在一口井上。将这口井挖深点，这样水也就更多些。当然，挖井的前提条件是你要找对地方，然后将井深挖。在干枯的沙漠之地，很难有水源，你再努力、再坚持，那也是枉费心机。

现在，找好你努力的方向，专注做一件事，深挖一口井，你一定能挖出甘甜的井水。当这口井挖得足够深的时候，再去挖另一口井。有人问李嘉诚，为什么他到处投资，基本都能成功？李嘉诚是这么回答的：“手头上一定要有一样产品是天塌下来都是挣钱的。”所以，选择自己最擅长的领域做精做透，将一口井深挖，你就能挖到清澈、甘甜、清凉的水！

↘

比别人多看一步

周 礼

他出生于黎巴嫩南部一个普通的农民家庭，高中毕业后顺利地考入了贝鲁特大学，这本来是他跳出“农门”的最好机会，然而遗憾的是，由于家庭遭逢变故，无力支付高昂的学费，他不得不在念完大一后哀伤地离开了学校，从此开始了他的创业之路。

退学回家没多久，他听说沙特阿拉伯遍地是“黄金”，随便弯一弯腰就能挣到大把的钞票，于是抱着试一试的态度，他跟着那些“淘金”者一起来到了沙特阿拉伯。事实上，那里并非是人们传说的天堂，除了一望无际的沙漠，他没有发现有什么特别的地方。在沙特阿拉伯居住的六年中，他先后换了好几份工作，在学校当过数学教员，在企业当过会计，在公司当过经理……但这些工作都不是他所向往的，他的理想是做一名企业家，帮助黎巴嫩人民摆脱贫困和饥饿。那段时间，他天天想着如何创业，如何改善自己的生存环境。可是，想要白手起家，这谈何容易，必须得找到一个合适的项目。

20 世纪 60 年代，随着工业和汽车业的快速发展，中东地区的石油紧俏起来，那毫不起眼的沙漠变成了名副其实的黄金。沙特阿拉伯号称“石油王国”，其石油的蕴藏量和生产量居世界第一，不少人都看到了这块肥肉，纷纷涌入沙特阿拉伯，投入石油化工产业。一时间，石油造就了无数的富豪，当地的老百姓也因为石油变得特别富裕。面对石油带来的滚滚财富，不少人红了眼，碰破头也想挤进去。

就在人们为石油而疯狂时，他却看到了另一个商机——建筑业。政府有了钱后，首先会干什么呢？当然是扩大城市建设和公共交通建设；老百姓有了钱后，首先会干什么呢？当然是建房或买房。毫无疑问，建筑业将成为继石油化工业后的第二大产业，而当时投资者的眼睛都紧紧地盯着石油，很少有人注意到建筑业的前景。他立刻意识到这是一个千载难逢的机会，必须马上行动起来，一旦错过了，就会被别人捷足先登。

随后，他毅然辞去了收入还算不错的工作，只身投入到建筑行业，并成立了自己的公司——西库尼斯特建筑公司。起初，因为资金不够雄厚，他只好挂靠在法国奥吉公司的旗下，勉强维持着公司的运转。1977 年，他终于迎来了人生的转折，沙特国王哈立德·

伊本·阿卜杜勒·阿齐兹要在度假胜地塔伊夫修建一座宫殿，作为伊斯兰首脑会议的会场，由于工期和工价问题，许多建筑商都不愿接这个活。而让人不解的是，他却主动揽了下来。六个月后，他圆满地完成了任务，无论是房屋的构造还是质量，都让人无可挑剔。虽然这单生意没让他赚到多少钱，但却给他的公司打了一个活广告，更重要的是，因为这个工程他结识了当时的王储法赫德（后来的国王），并取得了他的信任和赏识，为后来在沙特的发展铺平了道路。

果然，一切如他所料想的那样，短短几年时间，他就成了远近闻名的建筑大亨，生意从沙特阿拉伯延伸到了英国、美国等国家和地区，先后成立了奥吉国际公司、团结公司、地中海投资者集团等多家上市公司，拥有个人净资产至少 100 亿美元。

他就是阿拉伯著名的金融家、实业家，黎巴嫩的前总理拉菲克·哈里里，从一个一穷二白的打工仔到跻身于全球富豪榜之列，哈里里只用了十几年的时间。在哈里里的一生中，无论是经商还是从政，他始终坚持比别人多看一步，事事走在别人的前头。

↙

成功的真谛

彭忠富

朋友杨在本地开了一家美容院，门脸不大，但生意还不错。前几天，杨去广州参加公司组织的年度培训。她用短信和我交流，大倒苦水：说什么老板压单太厉害，简直叫他们没法生存；大家心里都不爽，整得自己晚上才睡了两个小时；晚上十一点多洗漱完毕，还有人叫你赶紧穿衣服起来谈公事；往日善良可亲的同事，现在也变得面目可憎……

杨的短信里充满了抱怨，我没有想到四天的广州培训会把她的心情变得如此糟糕。对于美容业，说实话我不太了解。但是现在生活条件好了，很多女士都愿意去美容院做保养，希望以此来提升自己的形象。应该说美容业是个朝阳产业，没想到背后还有这么大的压力。

最后，杨对我说，她觉得我现在取得的成就是她所望尘莫及的，希望我交流一下心得。杨是我的前女友，她自认为很了解我，没想到十年的时光把我磨砺成了这样一个人，让她有些羡慕和不解。怎么说呢？也许在普通人的心中，我的确算是有些许成就：自己在一个令人羡慕的单位上班，同时坚持业余写作，成了当地小有名气的作家，每个月的稿费单雪花般飞来。

可是谁又知道我们背后的艰辛呢？虽然全国有五六千种报刊，但是现在是全民写作的时代，有点文化都可以码字。为了让自己的文章挤上版面，获得些许稿费收入，我们得把自己变成一个杂家，也许上知天文、下知地理都是远远不够的。我们就像蜜蜂，除了在油菜花上采蜜外，那些桃花、梨花甚至野花我们都不能放过，只有这样，才能酿出香喷喷的蜜来。坚持了十年，对于写作，也算走出了自己的路子，每天在电脑上码字投稿成了我生活的常态。我把写作这种爱好变成了一种兼职，我成了写作的行家里手。是呀，这就是我的心得：当你认准一件事，就努力把自己变成这一行的专家，人无我有，人有我精，虽然这其中难免会有一些曲折。

杨回复说，我的心得让她吃惊，也觉得很有用。她回去以后要把这句话当成座右铭写下来贴在墙上，每天提醒自己：选择自己热爱的职业，要做就做行业内的专家。

其实写作也好，美容业也好，道理都是相通的。七十二行，行行出状元。如果你成了这一行的状元，那么你就有了话语权和良好的口碑，还愁不会财源滚滚吗？这是一个看似浅显却深刻的道理。因为我父亲以前就告诫我：哪怕你擦皮鞋，擦出了水平，你收五十块一双的服务费，还是有人来照顾你生意的。

一个人认准了目标，那么就不要放弃，不断向同行学习，向书本学习，向前辈学习。学习可以增加成功的概率，假以时日，当你成为这一行的专家，你就算成功了。

1832年，林肯失业了，这显然使他很伤心，但他下决心要当政治家，当州议员，甚至美国总统。林肯的政治生涯困难重重，他尝试了11次竞选，可只成功了两次，但他一直没有放弃自己的追求，他一直在做自己生活的主宰。1860年，林肯当选为美国总统。

林肯遇到的困难你我都曾遇到。只要我们像林肯那样，面对困难不退却，不放弃目标，努力成为这一行的佼佼者，那么你就能收获成功的喜悦。

↘

不对无足轻重的事情动心

西　武

有一次，一只老鼠向狮子挑战，要同他决一雌雄。狮子果断地拒绝了。

“怎么，”老鼠说，“你害怕吗？”

“非常害怕，”狮子说，“如果答应你，你就可以得到曾与狮子比武的殊荣；而我呢，以后所有的动物都会耻笑我竟和老鼠打架。”

和老鼠打架的麻烦就在于，即使赢了，老鼠仍然是一只老鼠。如果与一个不是同一重量级的人争执不休，你只会浪费自己的很多资源，降低人们对你的期望，并无意中提升了对方的层面。

有位咨询专家在进行一次大型演讲时，台下的一位听众对他的某些观点并不认同，于是便针对咨询专家所提出的某些论点发难。

如果仅仅是就不同的观点进行讨论也就罢了，这位听众还说出了许多侮辱性的词语，企图引发二人之间的舌战。

可是，演讲者在听完那位听众的话后，只是说了声“好的”，便继续进行演讲，根本没有理会对方的不敬之词。这样一来，那位听众自然是自讨没趣了。

当别人指责或攻击我们时，很多人会打乱自己的计划安排去应付那些无休止的指责。其实，聪明的人应当对那些无足轻重的事情无动于衷。因为我们所做的任何一件事，绝不可能令所有人都感到满意。有些无事生非的人只是习惯性地找碴生事，如果你受他们的影响或分散精力去反击，只会如同艾伯拉姆斯将军所说的：“别跟猪打架，不然到时你弄得一身泥，而它们却乐得很呢！”

“明智的艺术就是清醒地知道该忽略什么的艺术。”所以不要被不重要的人和事过多地打搅，因为“成功的秘诀就是抓住目标不放”。

要知道，成功者是没有多少时间可以浪费的。你要在并不长的生命中到达成功的巅峰，就必须放弃或减少争执、答辩和澄清；必须不为小事所缠；必须具备很快分辨出什么是无关事项的能力，然后立刻砍掉它。因为琐事不但会占据你的时间和空间，更重要的是会消磨你的精力和意志。

↘

没有机会，就试着创造

西 武

有一个推销员以能够卖出任何东西而出名。他曾经卖给一个四肢发达的年轻人一副拐杖，卖给一位健壮的长跑运动员一辆轮椅，卖给一个盲人一台电视机。

有一天，他的朋友对他说："只有卖给北极熊一个防毒面具，你才算是一个优秀的推销员。"于是，这位推销员不远万里来到北极，那里是一片莽莽雪原。

"你好！"他对遇到的第一只北极熊说，"你一定需要一个防毒面具。"

"这里的空气这样清新，我要它干什么？"北极熊说。

"你稍候，"推销员说，"不久你就会需要一个了，到时你可以来找我。”接着，这个推销员就开始着手在北极熊居住的雪地中央建造一座工厂。

“你真是发疯了！”他的朋友说。

“不，我只是想卖给北极熊一个防毒面具。”

当工厂建成后，许多有毒的废气从大烟囱中滚滚而出。不久，北极熊便来到推销员住处对他说：“现在我需要一个防毒面具了。”

“这正是我想的。”推销员说完便卖给北极熊一个防毒面具。

“别的北极熊现在也需要防毒面具，你还有吗？”

“你真走运，我还有成千上万个。”

“可是——，能否打听一下，你的工厂里生产的是什么呢？”北极熊好奇地问。

“防毒面具。”推销员兴奋而又简洁地回答。

这个故事中的推销员无疑是个创造机会的高手。有人成天抱怨没有机会，没有施展才能的舞台，却不知道机会有的时候是需要自己去创造的。

生活中任何时刻、任何一件事都有创造出机会的可能，就看你有没有去挖掘，有没有去行动。正所谓庸人等待机会，智者捕捉机会，成功者创造机会。坐等机会到来就如同等待天上掉馅饼一样，是不切实际的。我们要学会像下文中的C那样，为自己创造机会。

A在合资公司做白领，觉得自己满腔抱负没有得到上级的赏识，经常想：如果有一天能见到老总，有机会展示一下自己的才干就好了！

A 的同事 B，也有同样的想法，但他进了一步。他去打听老总上下班的时间，算好他大概会在何时进电梯，他也在这个时候去坐电梯，希望能遇到老总，有机会可以打个招呼。

他们的同事 C 则更进一步。他详细了解老总的奋斗历程，弄清老总毕业的学校、人际风格、关心的问题，甚至精心设计了几句简单却有分量的开场白，在算好的时间去乘坐电梯，跟老总打过几次招呼后，终于有一天跟老总畅谈了一次，不久就争取到了更好的职位。

生活中，我们很多人都像 A 一样，一方面羡慕别人的机会好，抱怨自己得不到机会的垂青，另一方面却只会坐等机会的到来。殊不知，机会只对那些像 C 一样的人格外青睐。他们有准备且又善于创造机会。所以说，没有机会，就要创造机会；有了机会，就要巧妙地抓住。

第 4 辑

将来的你，一定会
感谢现在拼命的自己

如 何 成 为 一 个 了 不 起 的 人

在这个并非尽善尽美的世界上，勤奋会得到报偿，而游手好闲则要受到惩罚。

——英国作家 毛姆

↘

苦难是最好的老师

彭忠富

父亲在他两岁的时候就去世了，母亲改嫁给一个姓朱的人，他也跟着继父姓了朱。等他成人以后，知道了自己的家世，就告别了母亲到应天府读书。他读书异常刻苦，读到夜深时整个人疲劳极了，眼皮不由自主地往一起合，他就用冷水浇头，清醒了又接着读下去。每天清晨，他很早就起床淘米生火，煮一锅稀粥，等到凝结后用刀划成四块，早晚各吃两块，再切几块腌菜，用一些盐拌在一起就当作一天的伙食。这样的生活足足持续了三年。

在醴泉寺苦读三年之后，为了开阔眼界，增长知识，他又背上书籍，配上琴剑，风餐露宿，千里迢迢来到南都，进了当时著名的国家级学府“南都学舍”。他从小读书就十分刻苦，那时他的生活极其艰苦，但他对这种清苦生活却毫不介意，而用全部精力在书中寻找着自己的乐趣。

有个同学是当地大官的儿子，见他如此艰苦，就回去告诉父亲。其父听了很感动，吩咐儿子带些肉饭给他吃。可是他没有吃，这个同学很不理解地说道："家父听说你清苦，特意叫我送给你一些食物，可你却不吃，是不是怕玷污了你的品德？"他回答道："我很感激你们的厚意，但我吃粥已经习惯了。今天吃着这样好的食物，以后我还能吃粥吗？"

在南都学舍，他不分昼夜地苦读，困倦了就用冷水洗脸浇头，实在困倦就和衣睡下，醒来继续攻读。有时他连每天两顿粥都吃不上，往往只到黄昏吃一顿，既是早餐，又是晚餐。就这样经过五年的勤学苦读，他终于考中了进士，走上仕途，成为一个颇有政声的有为官员。

他就是北宋著名军事家、政治家和文学家范仲淹，他后来实现了自己"先天下之忧而忧，后天下之乐而乐"的政治理想。古人讲究学而优则仕，贫寒人家子弟除了读书考学，几乎没有改变家族命运的通道。科举制尽管有种种弊端，但在北宋时期仍然不失为选拔人才的一条公平途径。范仲淹成功了，因为他克服了苦难这道世界难题，把苦难踩在脚下，因而得以成功。范仲淹划粥而食，其精神价值不亚于悬梁刺股、凿壁偷光这些经典的求学典范，甚至跟"一箪食一瓢饮，在陋巷，人不堪其忧，回也不改其乐。贤哉，回也！"中提到的颜回有异曲同工之处。

“苦不苦，想想红军二万五；累不累，想想革命老前辈。”再苦再累，我们也没有红军二万五千里长征辛苦吧？苦难并不意味着永远苦难，幸福也不意味着永远幸福，所谓富不过三代就是这个道理。生活有时会违反常规，以另一种形式出现在我们面前。在许多时候，幸福会变成一道减法题，一点点减去你的志气、奋斗和体魄；而苦难却会成为一道加法题，不断累加着你的梦想、努力和汗水，累加起来，让你拉上了成功的手。

人们最出色的工作往往是在逆境中做出的，思想的压力、肉体上的痛苦都可能成为精神上的兴奋剂。美国曾抽查了1000位财富在千万美元以上的富翁，调查了他们的生活，结果发现，他们大多出生在普通人家庭中，甚至有一部分人的少年时期是在黑人聚居区度过的。生活有时真的像魔术，会变幻出令你难以置信的结果。苦难是人生最好的老师。

↙

努力投入进去才能有所成就

彭忠富

从默默无闻的乡村木匠到蜚声海内外的艺术大师，齐白石大器晚成，实现了人生的飞跃。齐白石小时候就喜欢用树枝在泥地上写字，后来进了私塾学习，就背着老师在描红纸上涂鸦。喜欢涂鸦是小孩子的通病，我家里的墙壁上，女儿就随心所欲地画了很多线条画。不过我知道，女儿肯定成不了画家，那不过是她表达自己思想的一种形式罢了。果然在她八九岁时，女儿就不愿意在墙壁上画画了，她的兴趣已经转移了。

然而齐白石不一样，他从小就喜欢画画，而且兴趣浓厚，直至“上瘾”，这样的人想不成功都难。在他 8 岁那年，隔壁同学婶娘生了孩子，产妇家的房门上，照例挂着一幅雷公神像，驱魔辟邪。这种神像笔法粗糙，是乡里的画匠用朱笔在黄表纸上画的。齐白石觉得有趣，很想模仿着画几张。放晚学后，他取出笔墨砚台，对着产妇家的房门，在写字本的描红纸上画了起来。可是画了半天，也没有画好。谁都不知道雷公究竟在哪儿，他长得究竟是怎样的相貌。齐白石依着神像上面的尖嘴薄腮，画来画去，却画成了一只鹦鹉似的怪鸟脸，看看实在差距太大。齐白石没有灰心，想出一个办法来。他搬来一只高脚木凳，站在上面，用薄竹纸覆盖在画像上面，用笔勾影。画好了一看，跟画像上的差不多。第二天带到蒙馆，同学都夸他画得好，纷纷请他画雷公，于是他又蒙着画了十多张。

之后，齐白石就撕了写字本，裁成两半，学着在室外画速写。他最先画的是一位钓鱼的老人，画了很多遍，把老人的面貌身形都画得很像，连老人都有些惊奇。接着，他又大量地画花卉、草木、飞禽走兽、虫鱼等，凡是眼睛里看见过的东西，都把它们画出来。对于雷公这类的神像，因为属于神话人物，不能像花鸟虫鱼那样写生，他逐渐失去了兴趣。

不过这样一来，齐白石的写字本就不够用了，这一点让做私塾教师的外公很生气。他生怕齐白石把写字这样的大事耽搁了，于是外公经常呵斥他："只顾着玩，不干正事，你看看！描红纸白费了多少？"齐白石儿时家境是非常窘迫的，家里只有几间破屋，勉强遮风避雨；一亩水田，每年所产粮食，根本不能糊口。父亲、祖父都得外出做短工帮补家用。如果不是外公开蒙馆，齐白石甚至连书也读不上。祖母也经常数落他：“三日风，四日雨，哪见文章锅里煮？明天要是没了米吃，你看怎么办呢？”贫贱人家百事哀，齐白石也知道外公、祖母为他好，于是不敢再撕写字本了。但是画瘾戒不掉，他就到处去找包装纸来练习画画。

在外公的私塾里，尽管不交学费，但是齐白石仍没有待够一年。因为家里人手不够，母亲让他在家帮忙干活，但是对于画画，齐白石一直没有放弃过。后来在做雕花匠期间，齐白石无意中得到了一本《芥子园画谱》，经常临摹，画艺更加突飞猛进。

画画能上瘾，戒也戒不掉，我想这正是齐白石能成为大师的原因。如果我们都能像齐白石那样，努力做好自己喜欢的事，何愁不能成为这一行的专家呢？

↘

积细流可成江河

彭忠富

2007年10月，约翰·布林坐在自己位于印第安纳州卢明顿家中的餐桌旁，翻来覆去地用词汇闪卡帮助他的大儿子本准备SAT考试。复习的过程无聊单调，每次本说错一个词，弟弟凯西就在一旁嘲笑他。看起来，除了凯西，没有人乐在其中，而且这些闪卡似乎对本的帮助也不大。

本的烦恼不是孤例，相信其他准备考试的孩子也会遇到。其实何止是美国孩子，全世界所有需要接受英文考试的孩子们，都对记忆英文单词头痛，因为好多单词记忆起来都没有多少规律可循，只能死记硬背，而这样枯燥的过程大大降低了我们对英文学习的兴趣。

“一定会有更好的办法让孩子们记单词变得好玩，变得有趣起来！”作为一名电脑程序员，约翰想到一个关于词汇的电脑游戏也许能更好地抓住儿子的注意力，从而让他的SAT成绩能够突飞猛进。与此同时，约翰一直都在设计一个网站，希望能够终结世界上的饥饿问题。这个问题非常严重：“据世界粮食计划署公布的最新数据，目前全世界共有8.42亿人，也就是每8个人当中就有1个生活在饥饿之中，每天晚上饿着肚子睡觉；而全球大多数缺粮人口生活在南亚，其次是撒哈拉以南非洲和东亚。”只要人们有意愿，一定能解决这个饥饿问题。因为这个世界发展极不平衡，一些人成天挨饿，一些人却时刻享受着奢靡的生活，只要他们捐献一些爱心出来，就有希望终结饥饿。

约翰决定将这两个项目合二为一，就这样，Free Rice.com诞生了。约翰花了整个夏天的时间将数千个英文单词及其释义编录进他设计的游戏里。当人们每一次点中某个词语的正确意思的时候，联合国粮食计划署就会收到一笔20粒大米的捐赠。联合国会将募集到的大米分发给全球各个地区需要粮食的人，在该网站上刊登广告的商人负责支付这笔费用。自从该网站面世以来，它已经吸引了数百万游戏玩家，平均每天的访问量都高达4万人次，这意味着每天大米的捐赠量多达1.5亿粒。

截至目前，该网站已经募集了420亿粒大米。尽管每名游戏玩家捐赠的300粒、500粒甚至1000粒米看上去似乎并不多，但是聚沙成塔，当这些单个的力量汇聚在一起的时候，就可以让很多孩子吃饱肚子。“每一名游戏玩家的贡献都很重要，都是这一集体成果的一部分！”约翰这样说道。“这并不是我的功劳，这是所有秉持我们都做一点点，加起来就很多这一信念的人们一起努力的结果。”更重要的是，那些游戏玩家在捐赠爱心的同时，无形中提高了记忆单词的效果，网站实则践行了“快乐学习、终身学习”的理念，因为成年人也可以参与其中。

互联网改变了我们的生活和思维方式。我们也在做慈善，我们也在引进和消化来自于欧美的互联网新做法，为什么就不能引进约翰这种慈善 + 游戏网站的操作模式呢？我国西部地区还有许多赤贫人群，还有许多挣扎在温饱线上的家庭，他们也需要我们的帮助呀！20 粒大米的爱心看似微不足道，但是当所有爱心汇聚在一起的时候，就会产生无穷的力量。关键是，我们的帮助需要找到一个公开透明的切入点，而且最好跟我们的生活比如记忆英文单词结合起来。

↙

把工作当成自己的事业

周 礼

前不久，一位朋友向我诉苦，说他的工作太辛苦，收入太低，干起来没有丝毫的热情和快乐。他问我如何才能改变这种现状，找到一份自己满意的工作。我略加思索后对他说，“办法其实很简单，就是把工作当成自己的事业。”

曾读过这样一个故事：在一个小镇上，一位路人问三个石匠在做什么。第一个石匠无可奈何地叹息说：“我每天都在枯燥无味地搬石头砌墙。”第二个石匠神色凝重地说：“我的工作很重要，我得把墙垒好，这样房子才结实牢固，住起来才舒适安全。”第三个石匠则目光炯炯，自豪地说：“我的责任十分重大，这是镇上的第一所教堂，我要将它建成百年的标志。”十年后，第一个石匠仍在一个工地上砌墙；第二个石匠坐在办公室里画着图纸，他成了工程师；第三个石匠则穿梭于全国各大城市，他成了国内有名的建筑商。

世界上成功的人大都把自己的工作当成自己的事业。世界首富、微软创始人比尔·盖茨先生说："如果只把工作当作一件差事，或者只将目光停留在工作本身，那么即使是从事你最喜欢的工作，你依然无法持久地保持对工作的激情。但如果把工作当作一项事业来看待，情况就会完全不同。"李嘉诚先生说："无论未来从事何种工作，一定要全力以赴、一丝不苟。能做到这一点，就不会为自己的前途操心。"台湾经营之神、台塑集团创始人、台湾首富王永庆先生说："一个人把工作当成是职业，他会全力应付；一个人把工作当成是事业，他会全力以赴。"

生活中，我们常常听到有人抱怨自己的工作太简单，太平凡，太没有前途，终日愤愤不平，得过且过。殊不知"一屋不扫，何以扫天下"，一个人连最简单的事情都干不好，又如何能做出惊天动地的大事呢？正如海尔集团总裁张瑞敏说："把简单的事做好就是不简单，把平凡的事做好就是不平凡。"只要我们全身心地做好手边的每一件事，即便是在最平凡的岗位上，也会干出卓越的成就。

如果把工作当成一种谋生的手段，甚至看不起自己的工作，就会感到艰辛、枯燥、乏味。久而久之就会失去工作的激情和开拓进取的创意，就会变得越来越没有理想，变得牢骚满腹，变得痛苦疲龛。最后平平庸庸、一无所获，没有一样值得自己骄傲的东西。

如果一个人将工作当成自己的事业，就会因此而迸发出无尽的热情与活力，自己的潜能也会得到最大程度的发挥。在自己不懈的努力下，业绩不断攀升，每一次小小的进步，都会收获不小的成就感，继而信心越来越足，不断超越自我，追求完美，又会取得更大的突破，自己的职业幸福感也随之提升。这时工作对自己来说不是一种苦闷，而是一种快乐。

有人说：态度决定一切。看来一个人能否有所作为，关键取决于自己对工作的心态。

↘

执着求精终成画

程应峰

以画马著称的徐悲鸿先生滞留法国的时候，有一次一位将军在一次盛大的宴会上请他作画。他当众挥毫，以酣畅淋漓的墨意、收放自如的笔法，片刻工夫，便画出一幅形神兼备、铁骨铮铮的奔马。将军跷起大拇指，连声称妙。旁观者无不惊叹不已。

悲鸿先生不但画马笔法绝妙，他笔下的人物画也独树一帜。1915 年，在上海读书的徐悲鸿得知在上海炒地皮发迹的犹太人哈同创办了仓圣明智大学，公开征求传说中造字先师仓颉的画像，便应征了一幅。创作《仓颉像》的时候，徐悲鸿十分认真，他查阅资料，勾勒草图，花了三天三夜的工夫。《仓颉像》被送到哈同府上的时候，哈同夫妇及在座的社会名流无不称好。画像被悬挂在哈同花园的厅堂里。事后，哈同夫妇设答谢宴，陪同赴宴的徐悲鸿的好友黄警顽看了仓颉画像后感慨地说：“你真行，竟能想象出如此构造的四只眼睛。”悲鸿朗声一笑：“仓颉像是我一点一滴考证出来的，仓颉有四目在王充所著《论衡》中有清清楚楚的记载，哈同那样的洋人，只会附庸风雅，哪里懂什么中国艺术，这次应征我是逢场作戏，但作画我是一点儿也不含糊的。”

悲鸿先生傲骨铮铮，爱国如命；痴心虔诚，爱画如命。1939年的一天，在异国他乡奔忙的徐悲鸿走在修筑滇缅公路的士兵中间。他们豁出命干的情景，让他想起了《列子·汤问篇》中《愚公移山》的故事和抗战中的祖国人民。“抗战要胜利，不正需要愚公移山的精神吗？”他暗暂要将传说与现实融于一体画出来。于是他着手写生，寻找模特儿，画出了很多人体、肌肉、脸孔的速写。两个月后，他画出了大型油画《愚公移山》。可面对这幅油画，他觉得很不满意，一气之下卷起扔进了火炉。经过反复权衡考虑，徐悲鸿改画国画，完成了不朽之作《愚公移山》。印度国际大学校长泰戈尔看了这幅画，感动得双眼湿润，为画面表达的蕴含，也为徐悲鸿对待艺术精益求精的态度。

从《仓颉像》到《愚公移山》，其间相隔了二十四年，徐悲鸿先生对艺术的执着虔诚之心没有丝毫改变，对祖国前途命运的关注从来没有停歇过，每作一幅画，必是有血有肉，有肝有胆，有意境有蕴含，有继承有创新。正因为这样，才造就了一位世界级的艺术大师。

↘

学书与观鹅

程应峰

东晋大书法家王羲之，自小习书，异常勤奋，就是在走路的时候，也不忘用手指比画练字，日子一久，衣服划破了，手指起茧了。

传说，他的勤奋不止四里八乡知道，连天上的神仙也洞悉了。一天深夜，王羲之在灯下练字，因为太疲倦，握笔伏在了案上。迷蒙中，一阵清风吹来，随之一朵白云飘然而至，云朵上有一位鹤发童颜的老者，笑呵呵地说："字写得不错嘛！"王羲之一边让座，一边谨慎回应。见老者细细观赏着自己的字，便谦恭地说："老人家多多指教啊！"老者说："看你诚心习字，让你领悟一个笔诀吧！"说完，他在王羲之手心写了一个字，飘然而去。王羲之一看手心，是个“永”字，他比呀画呀，写呀练呀，终于领悟了：横竖钩，点撇捺，方块字的笔画和构架的诀窍，全在这“永”字之中了。此后，王羲之练得更勤奋，书法日益精进，名气也越来越大，他写的字被人们奉为至宝。

如果说“习书”是王羲之的第一嗜好，那么“观鹅”算得上他的第二大嗜好了。他弃官离开京城后，来到了风景宜人的江南，在绍兴一带居住。那些时日，他经常漫步在水乡泽国，观察群鹅。那些悠闲自在的鹅群，牵引着他的想象，丰富着他笔端的意蕴。在他眼里，一只又一只白鹅，羽毛洁净美丽，体态雍容华贵，无论是浮游的、高歌的还是嬉戏的……都使他为之沉醉，为之着迷，常常一看就是一整天。

有一天，他惊喜地发现，有只鹅长得不同寻常，它的羽毛像雪一样白，顶冠像宝石一样红，叫起来声音分外悦耳动听。他非常喜爱，立即派人到附近去打听，想把这只鹅买下来，就是多出些钱也在所不惜。可听人说鹅的主人是一位白发苍苍的孤老妇人，只有这只白鹅相伴时，王羲之便打消了买这只鹅的念头。但他实在对这只鹅有着异乎寻常的喜爱，便决定登门拜访，以进一步揣摩这只鹅的行动体态。怎么也没想到，老妇人在听说王羲之要来时，高兴得不得了，觉得没什么像样的菜肴待客，便把心爱的白鹅杀了。王羲之在惋惜之余，感动于老妇人的盛情，便让人取来墨笔，在自己随身携带的六角竹扇上再添新墨，交给了穷苦的老妇人。

因为名气使然，想得到王羲之墨宝的大有人在。山阴有一道士，想得到一卷王羲之手书的《道德经》。他知道，王羲之是不会轻易替人抄写经书的，但他知道王羲之喜欢白鹅，便精心饲养了一批品种特好的白鹅，并有心让王羲之得知。王羲之听说道士家有好鹅，也就惦记于心了。一日，他来到道士住处，见池水之中一群白鹅在水面上悠闲地浮游、嬉戏，阳光映照下，洁白的羽毛映衬着高高的红顶，实在逗人喜爱，让人流连难舍。王羲之看着看着，再也挪不动脚步了，就让人去找道士，要买下群鹅。道士一见王羲之，笑着说："王公如此喜爱，我将群鹅全部送给您好了，只是有一个小小要求，请您替我抄写一卷《道德经》。"王羲之二话没说，给道士抄好他要的经卷后，高高兴兴地带走了道士的群鹅。

如果说，勤奋造就了王羲之的绝妙书法，那么可以说，观群鹅才有了王羲之书法的变化多姿。

↙

越质疑，越惊奇

程应峰

不明发光体出现在人们视界时，人类总会有各种各样的联想、疑问。人世间的奇迹一旦出现，或誉或毁，也在情理之中。她16岁创造奇迹时，各种复杂心理导致的非议将她团团包裹，但她面对质疑，没有陷入抑郁的氛围中，而是不急不躁，从容淡定。她知道，是金子，就算蒙上灰尘，也还是金子。

早在2010年，亚运会赛前，她突发牙痛，检查后，因担心上麻药影响兴奋剂检测，她硬是忍着痛，从牙龈抽出血来进行减压处理。为此，美国电视新闻CNN对她在亚运会夺冠做出了预言。果然，首次参加亚运会的她，在女子400米个人混合泳中夺冠。那时，她14岁。

她手大脚大，有着与生俱来的绝妙水感，这也许正是她作为游泳选手的优势所在。应该说，她是那种能在水里飘起来的运动员。

但天才也有一个蜕变的过程，上幼儿园的时候，她就被推荐到体校练习游泳，一年365天，除了泳池换水的几天，她一天也没落下。有一次，她的小腿因不小心被刮破，缝了9针。但休息不到十天，她就迫不及待地回了体校。她的启蒙教练说：“这个女孩从不吵闹，你给她多少任务，她都会完成。”教练交代游10000米，她只会游12000米，绝不会游9900米，丝毫不会偷懒。

日转星移，她的训练更加刻苦，她也变得爱动脑子，爱琢磨，出现过的错误动作，纠正后很少再犯。她特好强，有一次，她周末回家，在饭桌上沉着脸，一副心事重重的样子，突然间，她放下碗筷，跑到阳台大喊道：“我一定要赢了你！”原来前一天队内比赛中，她输给了年长她的队友。加训一个月后，她真的赢了回来。日复一日的磨砺，增强着她对游泳的信心，随着时间的推移，她的体态愈显健康苗条，游泳于她而言，已经成为一种享受。就这样，资质天成、体态健康、技能娴熟的她，轻轻松松打破了世界纪录，获得了奥运金牌。

天才经得起质疑，而且越质疑，越惊奇。菲尔普斯在北京奥运会上史无前例地夺得8枚金牌，经历了严格的兴奋剂检测。事实证明，菲尔普斯的成功与兴奋剂无关。博尔特也在鸟巢一鸣惊人，当时就有不少名宿、媒体纷纷惊呼“博尔特的奇迹是兴奋剂的奇迹”，检测结果一出来，人们不得不相信，博尔特的速度本就是上天的赐予。历届奥运会，索普、刘易斯、约翰逊……一个个如雷贯耳的名字，一项项当时匪夷所思的成绩，都在质疑被打破之后，烙入人们的记忆深处。

她——叶诗文，也不例外，成功后的质疑，让她成为奇迹中的奇迹，一块灰尘蒙不住的金子，一个异乎寻常的发光体。

↙

瞄准就开火

周 礼

1976年，她毕业于美国斯坦福大学文学系，主修的科目为中世纪历史和哲学。按理说，她应该去学校教书，或去搞学术研究，因为那才是她的专长。然而，让人出乎意料的是，她没有选择安逸舒适的生活，而是打算加入美国一家电信公司AT & T，做一名普通的推销员。她的家人和朋友十分不解，不明白她为什么放着好好的大学教授不做，而去做一个既辛苦又不体面的推销员。对此，她却有自己独到的看法。她认为，现在是一个信息化的时代，电信业有着长足的发展，前途不可估量。虽然做大学教授的生活比较稳定，没有什么压力，收入也比较高，但一生基本上从头就能看到尾，很难取得什么大的成就。最终，她不顾家人的反对、朋友的劝说，毅然去了AT & T公司工作。

一个搞学术的人去搞业务，这在外人看来，似乎有几分讽刺，甚至是天方夜谭。但事实上，她做到了，并且做得非常好。在AT & T公司工作期间，她的业绩一直很优秀，从公司职员做到了项目主管，又从项目主管做到了部门经理。

1996年，朗讯公司从AT & T分离出来，需要一个担任全球服务供应部门的总裁，人员主要从AT & T公司的部门经理中挑选。当时，朗讯并不被人们看好，说白了，它就是AT & T公司的一个包袱，将之分离出去，就是甩掉包袱。这样一根“鸡肋”，谁愿意去啃呢？就在大家想找各种理由推辞时，事业正蒸蒸日上的她站了起来，主动提出去朗讯工作。人们都笑她傻，这样的差使躲还来不及，哪有争着去的道理。而她却不以为然，觉得这是一个绝好的机会，因为越烂的摊子越容易做出成绩。于是，在众人疑惑的目光中，她接任了朗讯公司全球服务供应部的总裁。后来，在她孜孜不倦的努力下，不仅使濒临倒闭的朗讯公司起死回生，还成为美国最成功的上市公司之一。从此，她声名鹊起，受到人们的广泛关注。

1999年7月，惠普的首席执行官路·普莱特提前退休，董事会邀请她去接任该职。之前，惠普一直是男性当家，公司高层中几乎没有一个女性，更别说CEO了。不光她的性别引人注目，她的业务水平同样遭到了别人的质疑，因为她以前干的都是销售活，非技术活，而惠普素以高科技著称，一个不懂电脑的人接管惠普，这多少让人有些担心。然而，她却信心满满地说："因为我不懂电脑，所以惠普选择我。惠普公司内部懂电脑的管理人才够多了，所以要将目光投向外界，寻找不一样的人。"面对前有苹果和戴尔，后有IBM和康柏的尴尬局面，她没有退缩，而是大刀阔斧地对惠普进行了整体的转型调整，将发展方向定位在服务方面，她认为网络经济的精髓不是科技上的领先，而是提供最佳的服务。为此，她专门成立了互联网事业部，以电子商务为企业中心策略，整合全公司所有软硬件和服务。同时，她还以2亿美元的广告投入打造了惠普的新风貌。就这样，在她一系列切实有效的举措下，仅仅用了一年多的时间，就扭转了惠普经济下滑的困境，股票一下子上涨了20%，净收入也增长了15%，一个季度就达到了120亿美元的营业额，这在业界引起了巨大的轰动，大家都被这位美貌而智慧的女子折服了。

她就是前惠普公司总裁兼首席执行官卡莉·菲奥莉娜，在《财富》500强公司的一次排名中，她以124亿美元的收入位居第13名，成为全球商界第一女强人。在谈及成功的经验时，菲奥莉娜总是淡淡地说："在网络时代，机遇瞬息万变，转眼即逝，只要瞄准了，就要果断地开火，因为我们没有时间准备和等待。"

↘

使自己变得不可替代

西 武

有一个员工很不满意自己的工作，他愤愤地对朋友说："我在公司里一点也不受重用，我想辞职不干了。"

"你向你的上司请求担当更重要的职责了吗？"他的朋友反问。

"没有！"

"你可以试着向你的上司提出这样的要求，如果不这样，你就不会受到重视。另外，我建议你先把公司的一切业务以及管理经验都好好地学到手，然后向上司提出自己的要求，如果上司还不重用你，你再一走了之，不是既出了气，又有许多收获吗？"

那位员工听从了朋友的建议，从此便认认真真学习公司业务，有时下班后还留在办公室研究写商业文书的方法。

一年之后，那位朋友偶然遇到他，问道："公司的那一套东西你都学会了吧？现在感觉怎么样？"

"我发现近半年来，老板对我刮目相看。他对我委以重任，又升职，又加薪，我怎么舍得离开公司！"

"这是我早就预料到的！"他的朋友笑着说，"当初你的老板不重视你，是因为你的能力不足，也不努力学习。听了我的话后，你下了苦功夫，能力不断提高，渐渐能担当重任了，老板自然会对你刮目相看。只知道抱怨别人的态度，却不反省自己的能力，这是人们常犯的错误啊！"

现实生活中我们可以看到，不少人认为自己学历高就理应受到重视。其实，学历只是你学习的经历，并不能证明你的能力，再说，现在学历高的大有人在。你问问自己，除了学历，你有什么优势是别人替代不了的呢？

要想别人重视你，倚重你，你只有使自己变得不可替代才行，就像爱默生说的那样："一个人拥有一种别人所需要的特长，那么无论他到哪里都不会被埋没。"而要想不被别人取代，取得事业的成功，你必须要努力地提高自己。只要你不断提升自我价值，使自己变得不可替代，那你很快就会找到宽广的舞台，迎来辉煌的明天。

↘

数学史上的花木兰

沈岳明

公元前212年，罗马军队入侵叙拉古，年近80岁的阿基米德正在全神贯注地研究沙堆中的一个几何图形，因此疏忽了一个罗马士兵的问话，结果被长矛戳死。

18世纪，索菲·热尔曼在一本名为《数学的历史》的书中看到这一幕，她想：如果一个问题能令人痴迷到将生死置之度外，那么这必定是世界上最迷人的问题了。

从此，15岁的巴黎女孩索菲·热尔曼对数学着了迷。她经常学习到深夜，研究欧拉和牛顿的著作。当时，学术界不鼓励女性研究数学，因为有专家称，女性的智力没办法读懂数学。甚至有一种迷信的说法：每一个数字都被上帝赋予了神的力量，如果有女性介入，那么神会生气。她不但得不到任何研究成果，就连与她合作的人也出不了成绩！

当父母得知索非·热尔曼在学数学，他们没收了她的蜡烛和衣服，搬走了所有可以取暖的东西，眼睁睁地看着她在寒冷和黑暗中瑟瑟发抖。但这些困难打不倒索非·热尔曼，她用偷藏的蜡烛照明，用床单包裹着自己继续学习。有一次，墨水在墨水瓶里冻成冰块，钢笔吸不上墨水，她就把墨水瓶抱在胸前，一点点地焐化，然后继续演算。

索非·热尔曼的执着感动了父母，他们不再无情地阻止她，还尽可能地给予帮助。1794 年，巴黎综合科技大学成立，索非·热尔曼非常渴望进入这所学校学习，但是该校只招收男生。这让索非·热尔曼深感失望，但她仍然没有放弃对数学的研究。

索非·热尔曼的邻居里，有一位名叫拉白朗的男生，是巴黎综合科技大学大数学家拉格朗日的学生，因为学业艰难，中途辍学了。索非·热尔曼灵机一动，决定冒他之名进入学校。乔装打扮之后，她以一身男装进入了学校，并将自己的名字改成了勒布朗。

学校行政当局对此毫不知情，依旧为拉白朗印发课程讲义和习题。索非·热尔曼取得这些材料后，每星期以“拉白朗先生”的名义交上习题解答。一切按照计划顺利地进行，直到两个月后，拉格朗日觉得再也不能无视这位“拉白朗先生”在习题解答中所表现出的才华，“拉白朗先生”的解答不仅巧妙非凡，而且显示了“他”的深刻转变。

一段时间后，拉格朗日想单独会见“拉白朗先生”，他要和这位才华横溢的年轻人好好聊聊。尽管索非·热尔曼心里非常害怕，但还是硬着头皮去见了拉格朗日。当拉格朗日发现“拉白朗先生”竟然是个女孩时，不由得大吃一惊！

索非·热尔曼红着脸，紧张得心都要从嗓子眼儿里跳出来了。她恳切地说：“教授，对不起，我骗了您，您会不会让我退学？”见拉格朗日不说话，索非·热尔曼鼓起勇气：“难道您也认为女性研究数学会受到神的惩罚吗？”

拉格朗日哈哈大笑起来，他说：“不，我是在想，怎样才能说服校长，让你以真正的女孩身份来学习数学！”索非·热尔曼笑了，她深深地向拉格朗日鞠了一躬：“谢谢您！”这时，拉格朗日才一本正经地说：“索非·热尔曼，如果我此前还有些怀疑的话，那么现在，我已经完全不相信那些鬼话，因为事实证明，你这位女性学生，比任何男性学生的成绩都要优异！”

后来，拉格朗日不仅成为索非·热尔曼的导师，他们还成了忘年交。索非·热尔曼变得越来越有信心，并且开始逐步深入研究。当她对费马大定理的研究取得突破性成果时，拉格朗日将她介绍给了包括高斯在内的许多鼎鼎有名的科学家。

高斯看到索非·热尔曼的研究成果，也感到惊喜万分。之后法国数学家勒让德和狄利赫莱以及拉米等人都是在索非·热尔曼的基础上推进了对费马大定理的研究工作。

高斯给了索非·热尔曼莫大的鼓励，激励使她在数学中做出了重大贡献。她写出了《弹性振动研究》这篇杰出的见解深刻的论文，正是这篇论文，奠定了现代弹性理论的基础。由于她的杰出贡献，法国科学院颁发给她金质奖章。高斯还说服了哥廷根大学授予她名誉博士学位。

索非·热尔曼的成功为所有女性赢得了与男性平等学习知识的机会，她在回忆录里写道："也许你一生下来就被人认为，这辈子你不能做某件事情，但只要你自己觉得能做，那么你就全力以赴！"

↘

让步也是一种智慧

西　武

有一首形容农夫插秧的诗:“手把青秧插满田，低头便见水中天。六根清净方为道，后退原来是向前。”的确，一时的退步是为了更好地前进。人生的道路上障碍重重，有时前面是险坑，有时前面是高墙，如果只知道不顾一切向前的话，就会跌落险坑粉身碎骨，撞上高墙鼻青脸肿。因此，懂得以退为进，拐个弯、绕个路，就会发现世界还有更宽广的空间。

以退为进、欲擒故纵在战争中经常可以见到，我们就以军事斗争为例。进攻太急时反而会激起敌人的疯狂反扑，增加取胜的代价。这时我们可以有意让敌方逃走，跟在逃敌之后，不要逼近他们，等到他们累得没有力气、斗志逐渐磨灭、战斗力削弱的时候，再一举将其全歼。这样就可以取得战争的最后胜利。

“欲擒故纵”的绝妙战例是诸葛亮的七擒孟获。

蜀国建立之后，便定下北伐大计。当时西南夷酋长孟获率10万大军侵犯蜀国。诸葛亮为了解除北伐的后顾之忧，决定亲自率兵收服孟获。蜀军主力到达泸水附近，先在山谷中埋下伏兵，然后诱敌出战，将孟获诱入伏击圈内，使之兵败被擒。可是诸葛亮决定对孟获采取“攻心”战，断然释放孟获。孟获表示下次定能击败蜀军，诸葛亮则笑而不答。

孟获回营后，将所有船只据守泸水南岸，阻止蜀军渡河。诸葛亮乘敌不备，在敌人不设防的下游偷渡成功，并袭击了孟获的粮仓。孟获暴怒，要严惩将士，激起了将士的反抗，于是将士们相约起义，趁孟获不备，将孟获绑赴蜀营。诸葛亮见孟获仍不服气，就再次把他释放。

此后，孟获又用了许多计谋，但都被诸葛亮一一识破。孟获后来又被擒四次，但诸葛亮都放了他。最后一次，诸葛亮火烧了孟获的藤甲兵，第七次擒住孟获。孟获终于服了，他真诚地感谢诸葛亮七次不杀之恩，誓不再反叛。从此，蜀国西南边境安定了，诸葛亮彻底消除了后顾之忧，全力举兵北伐。

诸葛亮在第一次诱擒孟获后，擒拿敌军主帅的目的已经达到，敌军在短时间内也不会有很强的战斗力了，此时如果乘胜追击，便可大破敌军。但是诸葛亮考虑到孟获在西南各部落中的威望很高，影响很大，只有让他心悦诚服，才能使蜀国西南边境真正稳定。如若不然，西南边境的少数民族部落是不会停止侵扰的，那蜀国的后方就难以安定。因此，诸葛亮才一次次不辞辛劳地擒拿孟获，因为他要获得的不只是一个西南酋长孟获，而是整个蜀国后方的安定。

所以说，退让是为了更好地前进，良好的撤退应和伟大的胜利同样受到奖赏。

另外，主动退让不仅可以缓解当时的压力、困境，还可以为自己积蓄能量。在航空飞行中，引擎利用后退的力量，反而引发更大的动能；在爆炸实验中，空气经过压缩，反而更具爆破的威力。很多时候，我们要想成就一件事情，必须低头匍匐前进，才能成功。可惜多数情况下我们都错误地认为“撤退”就意味着承认错误或接受失败。

一位在海南搞房地产开发的成功人士，1996 年来到一座大城市，想在此创立一家占地约 3000 平方米的大商场。正当他找好土地，付了定金准备大干时，亚洲金融危机开始了。面对这种情形，他果断决定此项目立刻下马，虽然损失了几十万元，但却避免了更大的损失。后来证明，他放弃的决定是对的，1997 年以后好几家大商场倒闭了。

该放手时就放手，不可陷得太深，须知有退才有进，“留得青山在，不怕没柴烧”。

谁都看好时，机会早没了

西　武

一场暴雨过后，村子里陆陆续续有一些孩子拎着篮子向山坡跑去抢着采蘑菇。

小詹妮问哥哥：“我们怎么不去呢？”

哥哥说：“迟了，大的、好的都已经被人抢走了。”

詹妮感到遗憾。哥哥一笑，说：“喜欢采蘑菇的话，我可以带你去一个地方，不过有点远，要翻一个山头。”

詹妮赶紧换鞋，说：“现在就走。”翻山头时，他们发现，路上有一些附近村庄的人拎着篮子来来往往。哥哥很懊恼：“又迟一步！不去了，我带你去捉鱼吧。”等他们到达捉鱼的地方，早有几个孩子在那里弯腰忙碌了。

失望的哥哥又冒出个主意：采集雨后的野花，去公路上卖。没想到“生意”竟然很好——不时有女乘客特意从旅游车上下来买他们的花。他们开始时卖两毛钱一束，后来发现是“独家经营”，就涨到一块钱一束，照样卖得很快。为提高效率，詹妮和哥哥商量，一个人负责采花，另一个人负责卖花，轮流值班。那个下午，他们居然赚了几十块钱。

等到第二年，那里的很多小孩子都学会这一套了。哥哥却不再去卖花了，他告诉詹妮：“别人都看好的事情，绝不要去参加。因为那个时候，机会就已经没了。”换句话说，机会的最大价值往往掌握在第一个抓住它的人手上。这就像我们等车，如果你晚走一分钟，就有可能要比别人晚半个小时才能到达目的地。

所以说，不能快人一步的话就只能被排除在局外。戴尔公司之所以能够最终胜过规模大于自己的康柏公司，其主要原因就在于戴尔看到了个人电脑即将普及所带来的机会，发挥直销的优势，以灵活的经营策略迅速崛起，抢占了个人电脑销售市场的巨大份额。

抢占先机才能跨入崭新的境界，企业是这样，个人也是这样。因此，要想成功，你就必须擦亮自己的眼睛，锻炼出犀利的观察力，随时留意周围的环境和事态的发展。只有这样，你才能永远走在前面，才能在别人还没有发现机会的时候抓住它。如果你慢了一步，迟了一分钟，那机会就有可能被别人占去。稍有迟疑，等到大家都看好时，那机会也许就不属于你了。

伊丽莎白是石油大王洛克菲勒的女儿，像父亲一样，她对商业有着浓厚的兴趣，希望可以在商场上有所作为。在巴黎的新产品博览会上，做了充分准备的伊丽莎白对某项产品专卖权志在必得，她差一点就成功了，但最后还是遗憾地失去了这次机会，只因为她的决定晚了一个小时。

洛克菲勒听说这件事后感到很遗憾，他尤其遗憾的是伊丽莎白失利的原因。伊丽莎白原本在“跑道最内侧”跑着，占有绝对优势，但由于重要决定晚了一小时，她在最后冲刺的关键时刻让胜利落空了。

伊丽莎白在给父亲的长途电话中懊恼地说道：“爸爸，博览会的事您已经知道了吧？欧洲的这家公司竟然如此匆忙地指定美国代理店，我实在没有料到。我以为可以花点时间，充分考虑之后再做决定。”

洛克菲勒在电话那边安慰女儿：“孩子，不管怎样，你已经尽力了。不过我只是想对你说，从事商业的人常见的缺点之一就是缺乏迅速、果断的判断力。如果放任缓慢的意志做决定，其时间的浪费和低效率会给公司带来极大的损失。”

伊丽莎白从这次失败中得到了深刻的教训。机会来临时，看准了就下手，如果慢了、迟了，等到大家都看好时，这个机会也许就不再属于你了。

↘

“捡”来的世界首富

周　礼

卡洛斯·斯利姆·埃卢是墨西哥的电信大王，2010 年首次登顶全球首富，2011 年蝉联福布斯全球富豪榜榜首，其财富超过了 700 亿元，打破了微软巨无霸比尔·盖茨创造的神话。然而，谁也想不到，卡洛斯的这个世界首富竟是“捡”来的。

卡洛斯被人们戏称为“总喜欢捡便宜”的人，他一生曾“捡”过无数个别人放弃的破公司，并将这些公司打造为赚钱的机器，从而实现了自己的财富梦想。

1982 年，墨西哥遭遇了严重的经济危机，国家陷入了债务泥潭，国内货币大幅度贬值，公司价值也达到了历史最低点。为了防止经济危机进一步恶化，墨西哥政府出台了一系列紧缩政策，其中包括银行国有化。一些外国投资者听闻，纷纷撤走资金，致使墨西哥不少中小型企业濒临倒闭，这些企业为了保住仅有的一点儿血本，争先恐后地以低价抛售。

当时，业界大亨都不太看好墨西哥的发展前景，皆保持观望的态度。在这样的背景下，卡洛斯却反其道而行之，开始多方面筹集资金，大量收购“便宜货”。卡洛斯的行为立即遭到了家族中大部分成员的强烈反对，他们认为，这些经营不下去的企业根本就是垃圾，捡来也无用，只会成为公司的拖累。卡洛斯却并不这么认为，他曾有过一段教书的经历，班上一些看似成绩不是很理想的学生，只要有耐心，管理得当，引导得当，方法得当，还是能够成才的。经营企业也是如此，别人卖不掉的东西，并不一定代表产品有问题，也可能是其他方面的问题。通常人们会错误地认为一些经营惨淡的公司，最终会被市场所淘汰。但事实上，这些公司仍有很大的潜力，只要能找到新的出路，它们就会焕发出“第二春”，从而保持巨大的增长。如今，在经济危机的困扰下，许多公司急于脱手，价格低廉，正是收购它们的大好时机，只要危机一过去，就会得到丰厚的回报。

最后，卡洛斯说服了反对他的家族成员，以超低的价格接管了多家烟草企业和餐饮连锁公司。事实证明，卡洛斯的看法是正确的，没过几年，他就凭着自己独到的管理和经营方式，使那些濒临倒闭的企业扭亏为盈，市值翻了近 300 倍，实现了原始资本的快速积累。

当然，决定卡洛斯成为世界首富的一次“捡漏”，是在 20 世纪 90 年代。那时，墨西哥正处于国有企业私有化的浪潮中，政府为了减少亏空，不得不将一些经营不下去的企业转卖给私人，以此甩掉财政包袱。对于这些国家抛弃的企业，人们大多不屑一顾，然而卡洛斯却从中听到了财富的声音，他以 20 亿美元的价格，从政府手中买下了墨西哥电话公司 20% 的股份，并投资 100 亿美元用来更新设备。就这样，他再一次化腐朽为神奇，成功地将负债累累的国企打造成了“摇钱树”。随后，卡洛斯采用相似的手段，从电信业扩展到了制造业、房地产业、金融业等众多领域，逐渐打造出了属于自己的商业帝国。

卡洛斯的成功经历告诉我们，只要你有独到的目光，有足够的信心和勇气，即便是别人眼中的垃圾，你也能变废为宝，让它发出璀璨夺目的光芒。

聪明出于勤奋，天才在于积累

卓 文

在数学史中，他也许不如欧几里得、牛顿、伽罗华等人的名声响亮，但却是中国数学史上的响当当的名人。他就是我国著名的数学家华罗庚，一个坚信“聪明出于勤奋，天才在于积累”的人。

小时候，华罗庚因为喜欢思考问题，常被小伙伴们叫做“呆子”。上学后，他表现平平，老师和同学都觉得他“平庸、低能”，他就暗暗发誓，一定要用优异的成绩来回击大家的偏见。华罗庚全身心投入学习，因为喜欢数学，就着了魔似的钻研数学。白天，他连走路都在思索解题方法，晚上则守着小油灯不知疲倦地进行演算……就这样，华罗庚解开了一道道难题，并从中享受着无穷的快乐。

因为家境贫寒，华罗庚初中未毕业便辍学在家。但他没有放弃学习数学，决定自学。他经常早起，隔壁邻居早起磨豆腐的时候，华罗庚已经点着油灯在看书了。伏天的晚上，他很少到外面去乘凉，而是在蚊子嗡嗡叫的小店里学习。严冬，他常常把砚台放在脚炉上，一边磨墨一边用毛笔蘸着墨汁做习题。每逢年节，华罗庚也不去亲戚家里串门，埋头在家里读书。

世界上的事情往往就是这样的，阻力愈大，反阻力也愈大；困难愈多，克服困难的决心也愈坚。没有时间，他养成了早起、善于利用零碎时间、善于心算的习惯。没有书，他养成了勤于动手、勤于独立思考的习惯。这种习惯一直保持到他的晚年。就这样，华罗庚凭借着勤奋和努力，用了 5 年的时间自学了高中和大学低年级的全部数学课程。

开始的时候，华罗庚的志气和做法几乎没有人能够理解，但他用努力证明了自己。后来，他开始在杂志上投稿，1930 年发表了一篇名叫《苏家驹之代数的五次方程式解法不能成立的理由》的论文。这篇文章被当时清华大学的数学系教授大力称赞，华罗庚也被推荐到了清华大学工作。这一年，华罗庚只有 21 岁。

从初中辍学到出任大学教师，华罗庚只用了 6 年半的时间。年轻的他非常谦逊，他经常对身边的人说："人家受的教育比我多，我必须用加倍的时间以补救我的缺失，所以人家每天 8 小时的工作，我要工作 12 小时以上才觉得安心。"华罗庚在清华大学任教的 4 年中，发表了十几篇数学方面的论文，还自学了英语、法语、德语。到 25 岁时，华罗庚已经由最初的助理教员提升为正式教员，还被中华文化教育基金会聘为研究员。1936 年，华罗庚被保送到剑桥大学求学，在那里他孜孜不倦的追求学问，发表了 20 多篇博士水准的论文，还提出了学界著名的“华氏定理”，他因此被称为“剑桥的光荣”。华罗庚回国后，把毕生精力投入到发展祖国的数学研究事业中，200 余篇学术论文，10 部专著，其中 8 部被国外翻译出版，有些已列入 20 世纪数学经典著作之列。他还写了 10 余部科普作品。

华罗庚是一个不迷信天才的人，他一直认为：“天才出于积累，聪明在于勤奋。”他还提出“树老易空，人老易松，科学之道，戒之以空，戒之以松，我愿一辈子从实而终”的名言，作为对自己的告诫。

生活中有一条不变的法则：“勤能补拙是良剂，一分辛苦一分才。”心动不如行动，当我们确立了某个目标时，就要有足够的信心，然后义无反顾地坚持去努力，勤劳一定会让你有所收获的。

↘

新生活从确立目标开始

西　武

你有自己的人生目标吗？你有什么要达成的心愿吗？你清楚自己人生的航向吗？如果对这些问题你都没有认真地思考过，没有清晰的人生目标，那你就像一艘没有舵的船，只能随波逐流、漂泊不定，永远到不了成功的彼岸。

有一个明确的奋斗目标对一个人是非常重要的，耶鲁大学曾对毕业生进行了一次有关人生目标的跟踪调查。

在开始的时候，研究人员向参与调查的学生们问了这样一个问题："Do you have goals（你们有人生目标吗）？"对于这个问题，只有10%的学生确认他们有目标。然后研究人员又问了学生们第二个问题："If you have goals, do you have them written down

（如果你们有目标，那么，你们是否把自己的人生目标写下来了呢）？”

这次，总共只有4%的学生的回答是肯定的。20年后，当耶鲁大学的研究人员在世界各地追访当年参与调查的学生们的时候，他们发现，当年白纸黑字地把自己的人生目标写下来的那些人，无论从事业发展还是生活水平上说，都远远超过了另外那些没有这样做的受访者。不说别的，这4%的人所拥有的财富居然超过了余下96%的人的总和！

看到这，你也许对这样的结果感到很惊讶，但明确的目标对人获得成功的推动作用是不用怀疑的。很多人之所以没能成功，并不是他们努力不够，而主要是因为他们没有选定清晰的目标。只有让目标引导人生的人，才可以乘风破浪，直达成功的彼岸。

罗斯福总统的夫人埃莉诺在大学读书时打算边学习边工作，她希望能在电讯行业找份工作，这样就可以多学点东西。她的父亲帮她联系到自己的一位老朋友，时任美国无线电公司董事长的萨尔洛夫将军。

萨尔洛夫热情地接待了她，问她："你想要什么样的工作，做哪一个工种？"埃莉诺想，任何工种我都喜欢，无所谓选不选了，便回答："随便哪个工种都行！"

将军凝视着埃莉诺的眼睛，严肃地说："年轻人，世上没有一类工作叫'随便'，成功的道路是由目标铺成的！"这件事使埃莉诺意识到了明确目标的重要性。

成功的前提就是要有一个明确的目标。因为明确的奋斗目标是一种对自己的鞭策，能让人产生前进的动力。长远的目标还会督促你努力朝一个固定的方向前进，不会随便被其他事情分散精力。

可能很多人会说，我们也都给自己设立了目标啊，可是总也实现不了。如果是这样的话，那你需要重新衡量一下自己的目标，看看自己的目标是不是切实可行，是不是超出了自己的能力范围。如果都不是的话，那就是我们觉得成功太遥远，因为倦怠而放弃。其实，要达成目标也是需要一定技巧的。

针对如何实现长期的目标，美国管理学家古特雷提出：每一处出口都是另一处的入口。上一个目标是下一个目标的基础，下一个目标是上一个目标的延续，把你的长期目标化整为零，分成好几个小目标，一小段一小段来实现。这样，你从一开始就能看到成功的希望，就有走下去的动力，也就不会因终点太遥远而倦怠。在这一点上，我们可以向下面那只聪明的猴子学习。

古印度人有个捕捉猴子的妙法：在猴群经常出没的原始森林里放上一张有抽屉的桌子，抽屉里放一个苹果或者桃子，然后将抽屉拉到猴子的手能伸进去但苹果或桃子拿不出来的程度，猎人就可远离桌子静静地安心等待。每一次，猎人都会看见这么一幅可爱的画面：猴子将手伸进抽屉里取苹果或桃子，却怎么也取不出来，而猴子又死活不肯放弃。于是，贪婪的猴子急得两眼冒绿光，却又一筹莫展。

这种古老的方法使很多猴子轻而易举地成了猎人手到擒来的

猎物。

有一天，一个猎人又用这个办法准备捉一只在附近活动了很久的猴子。

一会儿，那只猴子终于探头探脑地走到了桌子旁边。它先将一只手伸进抽屉里取苹果，但苹果太大，抽屉缝又太小，任它怎么努力也取不出来。于是，猴子又将另一只手也伸了进去。两只胳膊飞快地在抽屉里翻动。不一会儿，一个又大又圆的苹果被它用尖利的指甲抠成一堆苹果碎块儿，猴子扔掉果核，用手掏出抽屉里的苹果碎块儿有滋有味地吃起来。吃完后，它心满意足地扬长而去。

这只聪明的猴子懂得将苹果抠成碎块儿化整为零，因此它成功地获取了整个苹果。目标虽大，只要你将其一点点分解，一个个实现，虽然每次得到的只是其中的一点点，但一次又一次的积累，终将使你实现那个长期远大的目标。

现在，好好设定你的人生目标吧。一旦你确立了明确的目标并努力朝它前进，一个崭新的世界就会呈现在你面前。新生活从确立目标开始！

↘

怪青蛙不够聪明

西 武

有一个名叫张梦金的人养了一只青蛙。一天，张梦金灵机一动，对青蛙说:“我们就要发财了，我将教会你飞！”

“等一等，我不会飞呀！我是一只青蛙，而不是一只麻雀！”

张梦金非常失望:“你这种消极态度确实是一个大问题。我要为你报一个培训班。”

于是青蛙上了三天培训班。它学习了战略制定、时间管理以及高效沟通等课程，但关于飞行却什么也没有学。学完后，张梦金开始让青蛙练习飞行。

第一天飞行训练，张梦金异常兴奋，但是青蛙却很害怕。可怜的青蛙请求张梦金考虑一下自己的性命，但是张梦金根本听不进去：“你这只青蛙根本就不理解青蛙会飞的意义，更看不到我的宏图大略。”说完，他就毫不犹豫地打开一楼的窗户，把青蛙扔了出去。

第二天，准备第二次飞行训练的时候，青蛙再次恳求张梦金不要把自己扔出去。但是，只听见“啪”的一声，青蛙又被扔了出去。

第三天、第四天、第五天、第六天，尽管青蛙努力训练飞行，但是依然毫无进展。到了第七天，青蛙瞄着楼下的一个石头角落跳下去，结果被摔得像一片叶子一样瘪。

张梦金开始分析整个事件的过程。经过仔细的思考，他笑了：“下次，我找一只聪明的青蛙就行了！”

作为管理者，最重要的就是选对方向。方向错了，你的计划再严密、员工再努力、愿景再美好，那也是枉然。像张梦金这样，失败之后不反思自己荒唐的战略选择，反而责怪青蛙不够聪明，这实在是愚蠢！

要知道，方向远比距离更重要。成功与否不在于你有多么宏伟的蓝图，而在于你是否选择了正确的方向。方向错了，付出再多的辛苦只怕也是空欢喜一场，就像马云说的：“成功还需要选择正确的方向，如果方向选错了，你做得越好，死得越快。”

所以，出发之前，要先想好目的地；着手努力之前，先看清楚目标。否则，埋头苦干的结果，很可能是白忙一场。不要到接近完成的阶段时，才发现眼前将要实现的并不是自己真正想要的。就像有人一旦陷入爱情，就千方百计研究谈恋爱的方法，开始注重穿着打扮，搜集报纸杂志上刊登的最佳约会地点的资料，甚至钻研一些偷心的小技巧。可是，到头来却仍会失去心头所爱。原来，他一开始就找错对象、爱错人了。

此外，在方向选对了之后，还要注意避免在一些琐事上耗费大量的时间与精力。

人们在不值得做的事上投入太多的精力和时间后，就会产生这么一种感觉：我们不应该让它消失，我们已经做这么久了。这就像有的人明明不喜欢自己的恋人，却还是要在一起。因为在一起很久了，习惯使人不愿再做别的选择。但最终，一个人要为自己做了不值得做的事付出代价。这件事情越大，代价也就越大。

所以，明智的选择应该是集中精力做重要的事。那些不值得做的琐事，不但会占据你的时间，更重要的是消磨你的意志，还会让你误以为自己完成了某些事情，结果得到的可能仅仅是一丝自我安慰和虚幻的满足感。当梦醒后，你会发现该做的事一件都没有做，而自己却已疲惫不堪。

第 5 辑

只要努力，岁月就不会辜负你

如　何　成　为　一　个　了　不　起　的　人

生活不能别人来安排，要自己争取和奋斗；而不论其结果是喜是悲，可以慰藉的是，你总不枉在这世界上活了一场。

——著名作家　路遥

↘

成功不会辜负努力奋斗的人

彭忠富

曾昭抡先生是我国著名化学家，中国科学院院士。他出生于湖南湘乡，是晚清名臣曾国藩的侄孙。他 1920 年赴美留学，学成归国后一直在各大学做教授，堪称桃李满天下。彼时民国学人，因为受到五四运动思潮的影响，眼见国家积贫积弱，都渴望能为国为民做一番事业。要想有番成就，肯定不能人云亦云。特立独行应该是学者的基本要求，学术上是这样，生活上也是这样，曾昭抡先生就是其中之一。

曾昭抡作为教授，在学术上要求极为严格。他曾经站在沙滩红楼前，和电线杆子又说又笑地谈论化学上的新发现，让过往行人无不骇然。一次，他带着雨伞外出，天降暴雨，他衣服全都湿透了，却仍然提着伞走路。在家里吃晚饭，他心不在焉，居然拿着煤铲到锅里去添饭，直到他夫人发现他饭碗里有煤渣。他忙于工作，很少回家，有一次回到家里，保姆甚至不知道他是主人，把他当客人招待，见他到了晚上还不走，觉得奇怪极了。后世的人评价说：“中国大学里做实验、搞研究的风气，至少在化学这门学科里，可以说是从曾公开始的。”

曾昭抡在学术上精益求精，但是生活上却不修边幅，这一点跟某些教授成天西装革履工作却马马虎虎成为鲜明对比。据他的学生回忆，从 1943 年进入西南联大化学系的第一天起，他所见到的曾先生，蓝布大褂总是破破烂烂，胡子不刮，头发乱糟糟的，还穿着一双破布鞋，“脱下来，袜子底永远有个破洞！”西南联大是抗战时新建的学校，校舍是在坟地中开辟的，泥土松软，下雨时到处是烂路。穿布鞋的曾昭抡可就遭了殃，一双布鞋穿不到一个雨季就坏了，他又舍不得买新的，鞋子前后开口，走起路来踢踢踏踏的。学生见了都觉得不可思议，觉得这哪里是个教授的样子，可是曾昭抡的博学却又让学生佩服。曾昭抡在化学、数学、物理学、地质、文学、音乐、美术、军工、国际关系……几乎在所有领域，都显示出超人的学识和智慧，真正是“人类的一切我都不陌生”。

曾昭抡的不修边幅是有历史渊源的。他回国后出任中央大学化学系主任，国民党高干朱家骅出任中央大学校长时，专门召集各系主任开会，以便互相认识，开展工作。曾昭抡来是来了，可仍然是那幅蓬头垢面的样子。朱家骅见了就问他是哪个系的，曾昭抡答是化学系的。朱家骅以为化学系弄了个管收发的来应付，就冲着曾昭抡挥挥手说："去把你们系主任弄来开会。"曾昭抡也不答话，回宿舍后就卷起铺盖立马离开了中央大学，很快去北大化学系做了系主任。

费孝通曾说："曾昭抡把一生的精力放在化学里边，没有这样的人在那里拼命，一个学科是不可能出来的。现在的学者，当个教授好像很容易，他已经不是为了一个学科在那里拼命了，他并不一定清楚这个学科追求的是什么，不过一定会觉得这个学科比自己穿的鞋还重要。"鲁迅先生说："哪里有什么天才，我是把别人喝咖啡的时间都用在了写作上。"同理，曾昭抡先生也是如此，他把别人梳妆打扮、吃喝应酬的时间都用在了化学研究上，朝着一个方向坚持努力，想不成功都难。

↙

撞好自己的钟

周 礼

有这样一个故事，在一座寺庙里，一个小和尚被安排去撞钟。对于住持的这一决定，小和尚很不乐意，他认为自己聪明伶俐，能说会道，又有极高的悟性，完全可以干点别的有意义的事情，用不着在撞钟上浪费光阴。可住持坚决说："你先干着吧，其他的等以后再说。"

就这样，小和尚心不甘、情不愿地做起了撞钟工。小和尚心想，让自己做这么低级、简单的工作，简直就是大材小用。暗地里，他不知骂了多少次住持，嫌他没有眼光，不会用人。不过，不管小和尚怎么不服气，怎么抱怨，但他终究不能改变这一事实。于是，他只好做一天和尚撞一天钟，得过且过地度过了大半年。

小和尚原打算就这么混下去，谁知有一天，住持突然宣布，让小和尚去后院做挑水和打柴的工作。原因是他不能胜任撞钟的工作。听到这一决定，小和尚既震惊又委屈，他气急败坏地找住持理论：“我撞钟怎么不称职了？是没按时撞钟，还是钟撞得不响，影响了大家的生活？”

住持耐心地听完小和尚的诉说，微笑着摇摇头说：“不是因为你没有按时撞钟，也不是因为你的钟撞得不响，而是因为你没有用心。每次撞钟时，你的心中都充满了怨恨，认为自己怀才不遇。你没把撞钟当作是一项热爱的工作，也从未认识到撞钟是一件对别人很有意义的事情。你撞钟只是为了应付，只是为了发泄自己的情绪，所以你撞出的钟声听起来空泛、疲软，懒洋洋的，没有丝毫的激情和感召力。钟声是为了唤醒沉迷的众生，给他们希望和力量，因此，撞出的钟声不但要洪亮，而且要圆润、浑厚、深沉、悠远。而这些你都做到了吗？”

听了住持的一席话，小和尚犹如醍醐灌顶，一下子恍然大悟，他惭愧地低下了头。从那以后，小和尚认真地做着身边的每一件小事，并且从不抱怨，也从不认为那没有意义。多年后，他终于修成正果，成了远近闻名的禅师。

生活中，我们又何尝不是扮演着一个撞钟人的角色呢？当我们处在平凡的岗位上时，我们总是抱怨自己的工作太枯燥，环境太糟糕，收入太差，地位太低，英雄无用武之地。在没完没了的抱怨中，我们渐渐迷失了自己，像一头拉磨的驴一样，只知道一成不变地转圈，甚至自暴自弃，懈怠工作。直到被老板解雇的那一天，还执迷不悟地认为一切都是别人的错。而事实上，当我们静下心来，仔细地想一想，连一件小事都做不好的人，又如何能担当大任，又如何能成就一番伟业呢？

海尔集团公司总裁张瑞敏先生说得好：“把简单的事做好了就是不简单，把平凡的事做好了就是不平凡。”我们每天只有撞好了自己的钟，才谈得上有所作为。

↘

给自己找个对手

周　礼

曾经，在一座森林公园内，生活着一群梅花鹿，估计有三四百只。那儿环境清幽，空气新鲜，水草丰茂，气候宜人，梅花鹿不仅不会受到老虎和狼等凶猛动物的侵袭，而且还有饲养员定期为它们投放食物。可以说梅花鹿们什么也不用担心，什么也不用着急，每天只管尽情地享受大自然和人类赐予的这份安定与舒适。这样美好的一个地方，简直就是动物的理想天堂。一些专家毫不掩饰地说，用不了几年，这里就会成为梅花鹿的胜地，那将是森林公园里一道最亮丽的风景线。

可是，令人意想不到的是，几年后，梅花鹿的数量不但没有得到成倍增长，而且病的病，死的死，剩下的不到原来的三分之一。

这是怎么回事呢？专家们百思不得其解。

后来，有人想了一个办法，买了几只狼放入森林公园内。起初还有人担心，这样做会伤害到梅花鹿，甚至会给梅花鹿带来灭顶之灾。而事实上，结果却出乎所有人意料。在狼的追逐下，梅花鹿每天都生活在高度的紧张中。为了生存，它们不得不提高警惕，不得不学会快速奔跑，不得不想办法尽量避开狼群。因为它们知道，如果你跑得慢，落在最后，你就会成为狼的盘中之餐。在优胜劣汰的法则面前，你只有尽可能地使自己变得强大，那样你存活的机会才会大一些。

就这样，狼成了梅花鹿的健身教练。在历经了一次又一次的逃生后，梅花鹿的体格越来越强健，双腿越来越有力量，奔跑的速度越来越快，嗅觉和听觉也越来越灵敏。狼在它们的身上几乎占不到什么便宜。几年下来，除了一些老弱病残的梅花鹿被狼吃掉外，其他梅花鹿都存活了下来，并且数量还增加了不少。

最后，专家终于明白了，原来舒适安逸的环境不是梅花鹿生活的天堂，而是梅花鹿毁灭的地狱。

和梅花鹿相比，人又何尝不是这样呢？古语云：生于忧患，死于安乐；流水不腐，户枢不蠹。人的骨子里天生就有一种惰性，没有竞争对手，就会目光短浅，就会沾沾自喜，就会安于现状，就会停滞不前。对手，其实就是你的一面镜子。通过他，你可以发现自己的弱点与不足，并不断地完善和提高自己；通过他，可以激发你的斗志和潜力，让你迸发出无比的热情和信心；通过他，你可以找到制胜的法宝，进入成功的殿堂，达到事业的峰巅。

因此，在职场中打拼，我们不要害怕有对手，也不要认为对手就是敌人，更不要想方设法地打击和陷害对手。我们要学会接受对手，尊重对手，与对手公平竞争，展开角逐。

如果你不想让自己靠在柔软的椅子上睡去，那么最好的办法就是给自己找一个强有力的对手。

不强大内心只能做老鼠

西　武

一只小老鼠成天待在家里愁眉苦脸，它不敢出去，即使到了晚上也不敢走出洞门半步，因为它怕猫。

“猫这个东西实在太可怕了！”它总是这样说，而且一想到猫就浑身发抖，像筛糠一样。

天神非常同情这个可怜的小东西，于是就施法把它变成一只猫。可是，老鼠变成的猫还是不敢四处走动，总是显得畏畏缩缩的，因为它又害怕狗。

“要是遇到高大凶狠的狗，那该怎么办呢？”

天神想了想就把老鼠变的猫变成了狗。但是，这只狗依然整天趴在窝里，连大气也不敢出。

“做一只狗真是苦恼，要是世界上没有老虎就好了。”

天神想：我倒要看看你变成老虎后会害怕什么！于是，老鼠变的狗转眼间成了一只健壮的大老虎。

“猎人的那杆枪会要了我的命啊！”老鼠变的老虎匍匐在地上哀叹。

天神一气之下把老鼠变的老虎又变回了老鼠，无奈地说：“老鼠终归是老鼠，要是把你变成猎人，你可能又会怕老鼠，还是变回来吧！不论我怎么做都帮不了你，因为你只有老鼠的胆儿。”

一个人的胆识是非常重要的，有胆识方可成就伟业。曾经有人这样戏谑地说：“没有胆识，你就有点常识，要是两样你都没有，那你就待在家里看电视。”这样说，一来指没有胆识的人难以在社会上立足；二来自然是建议人们从媒体上获得更多的信息和知识。

上面的话语虽然带着戏谑之味，可是话中所说的道理却不假。一个人的胆识往往决定着他将成为什么样的人。那些谨小慎微、没有足够胆识的人，遇到事情时总是瞻前顾后、犹豫不决，自然难以做出果断、明智的决定，因此他们的人生之路也不可能出现什么转机，就是有转机出现，也会因为他们的犹豫而错失。一个没有胆识的人，他的一生也注定平庸无为，毫无建树。

↙

改变人生的两小时

周 礼

在一次同学聚会上，有一位同学特别引人注目，因为他取得了非凡的成就。在大家的印象中，这位同学不是一位优秀的人，成绩平平，各方面的能力也很一般。然而，谁也没想到短短十余年时间，他就超过了班上很多人。于是，大家纷纷向他投去羡慕的目光。

饭后，大家不约而同地问起了他成功的秘诀，他听后耸了耸肩，淡淡地说:“其实也没什么，只不过我把大量的时间用在了做同一件事上。”

原来，大学毕业后，这位同学给自己定下了一个长远的奋斗目标，无论每天工作有多忙，他都尽量挤出两个小时的时间，坚持学习市场营销和企业管理。几年后，他辞职下海，自己开起了公司。由于掌握了丰富的营销知识和管理经验，他的生意做得风生水起，很快就成了远近闻名的企业家。

听了他的故事之后，大家都感到十分后悔，因为他们拥有同样多的业余时间，但基本上都浪费在了无聊的网络游戏和牌桌上。此时，他们才深刻地认识到，人与人之间的差距不在于文凭的高低，也不在于能力的强弱，而在于是否将零散的业余时间用于学习，是否数十年如一日地坚持做某件事。平庸与卓越，往往只在人的一念之间，抑或消极与积极的生活方式之中。

除了工作之外，每个人都有大把的业余时间。在这里，我们不妨算一笔时间账，假如每天中午十二点下班，下午两点上班，中间有整整两个小时，除去做饭和吃饭的时间，至少能够剩下半小时。假如每天下午五点半下班，每天晚上十点钟睡觉，中间有整整四个半小时，除去料理家务和教育孩子，至少能够剩下一个半小时，也就是说每天至少有两个小时左右的学习时间，这还不包括双休日和节假日。

你可别小看这两个小时的时间，如果坚持下去，常常能创造奇迹。以一本十万字的书为例，如果你每天阅读两小时，大约能看两万字，而五天左右就能读完一本书，一个月就能读完六本这样的书，而一年就能读完七十二本这样的书，是不是觉得很惊人啊？而事实上，只要下定决心，你也同样能够做到。

每天两小时，对于我们普通人来说都算不了什么，不过是少看一会儿电视，少玩一会儿电脑，少打一会儿麻将，但这两小时所积累的正能量却是无法估量的，所创造的经济价值也是无法想象的。居里夫人利用零散的业余时间，发现了放射性元素镭，奠定了现代放射化学的基础。马里奥利用零散的业余时间，创作了长篇小说《教父》，成为美国文学的一个转折点。奥斯勒利用零散的业余时间，研究出了第三种血细胞，为人类医学做出了杰出的贡献……

其实，成功就是一个不断积累和沉淀的过程，如果你也想干一番事业，那就不要犹豫，赶紧从现在做起，利用零散的业余时间，每天坚持做一件事，相信在不久的将来，你也会成为一位了不起的大人物。

↘

一切皆有可能

彭忠富

他 7 岁那年，父亲专门请专家测定了他的智商。专家告诉父亲，他的智商得分 95，智力年龄低于生理年龄，也低于普通人的平均智力水平。

母亲很为他的将来担心。父亲笑着说，“一切皆有可能，譬如一个树根，可以用来烧火取暖，也可以做成根雕成为艺术品。如果我们精心培养，咱们的孩子将来说不定能进耶鲁大学。”

他上小学时，成绩不太好，可是却梦想着能成为登上月球的宇航员。父亲直接告诉他，“像你这样的人一辈子也成不了宇航员，因为宇航员的身体素质都是天生的。你只能做你能做又想做的事，并且把它做出名堂来就行了。至于成绩嘛，过得去就行了。”

在父亲的指导下，他迷上了舞蹈，现代舞、拉丁舞样样精通。父亲见他热衷于跳舞，便鼓励他精益求精，不但要会跳，还要懂得创新。在中学的毕业舞会上，他的华尔兹舞犹如行云流水，他的探戈舞热情奔放，他的狐步舞急如旋风，他的斗牛舞火辣性感，让同学们看得眼花缭乱，纷纷拍手叫绝。

因为舞技出色，他被耶鲁大学特招入校，成了耶鲁大学的舞蹈队员。父亲高兴地对母亲说，“你看咱的儿子虽说学习成绩不好，可是照样进了耶鲁大学，这就是一切皆有可能。”父亲告诉他说：“耶鲁大学不是普通的大学，她是美国总统的摇篮，历史上有4位总统毕业于耶鲁大学，这可是耶鲁创造的政坛奇迹。你在学校里要多交朋友，说不定将来你的同学中又会产生新的美国总统。”

说来也巧，乔治·W·布什也在耶鲁大学就读，主修历史。父亲知道这一消息后，马上让他放弃主修法律改为主修历史。父亲对他说：“你要赶紧与小布什交上朋友，进入他的核心朋友圈。小布什参加什么组织，你也跟着参加；他玩什么，你也跟着玩什么，步步紧跟，一步也不要落下。不要问我为什么，将来你就会明白的。”

小布什参加了耶鲁大学的骷髅会这个秘密社团，其成员皆是美国的名门望族。骷髅会每年只招15人。父亲用钱铺路，为他争取到一个入会的名额。他在骷髅会里与小布什几乎是形影相随，颇得小布什好感。最后，他竟成功地从耶鲁大学毕业了。

从耶鲁大学毕业后，他仍然跟小布什保持着亲密的关系，是小布什的铁哥们，在小布什投资的公司担任管理者。因为业绩突出，他深受小布什信赖。父亲告诉他，布什家族是当今美国政坛最强势的家族，你只要攀住小布什这棵大树，肯定将来能吃到好果子。

后来，小布什当上了美国总统，延续了布什家族的传奇。伊拉克战争爆发后，萨达姆被推翻了，美国终于控制了中东的石油资源。在伊拉克重建期间，凭着小布什的关系，他成立的公司获得了4.07亿美元的投资合同，赚了个盆满钵满，成了人人羡慕的亿万富翁，他就是诺尔。

诺尔对父亲说："我觉得作为一个商人，最重要的还是人脉资源，多个朋友多条路，条条大路通罗马。"父亲满意地笑了，他对诺尔说："一切皆有可能，就看你怎么去创造。你成功了，我也成功了！"

相信自己，一起皆有可能。只要我们努力，就能成就自己的梦想。低智商的诺尔成功了，你也一定会成功的。

↙

吃苦是积攒资本

周 礼

他出生在俄罗斯伏尔加河畔萨拉托夫的一个贫困家庭，父亲是一名建筑工人，每日早出晚归，辛勤工作，但收入仅够一家人维持温饱；母亲没有正式的工作，主要在家照顾孩子和打理家务。

在他一岁那年，母亲怀上了第二个孩子，这本来是一件天大的喜事，可是由于家境贫寒，无力再养一个孩子，母亲不得不走上手术台，决定流掉那个来得不是时候的孩子。也许是命运的捉弄，他的母亲因大出血死在了医院里，而第二天正好是他一周岁的生日。更不幸的是，在他三岁那年，父亲又因为一次意外，被突然下落的起重机手臂砸成重伤，经抢救无效而死亡。从此以后，他成了一个没有父母疼爱的孤儿。

父亲去世后，他一直跟着叔父一起生活，虽然叔父对他还算不错，但他还是有一种寄人篱下的感觉。他常常需要做许多的活，却得不到与弟弟妹妹相同的待遇。为此，他抱怨过，愤恨过，但这一切都无济于事，他离不开叔父，离不开这个家。为了生活，他学会了各种活计，学会了察言观色，学会了与人搞好关系，学会了忍耐，学会了自力更生。他明白，要想将来过上好日子，唯一的方法就是使自己变得强大，能够应对各种各样的难题。

童年的不幸没有将他打垮，相反他从中获得了宝贵的人生经验，他变得越来越勇敢，越来越坚强，越来越理性，越来越精明，而这些都为他后来的成功打下了坚实的基础。

高中毕业后，他毅然离开了叔父，选择了从军。两年的军旅生活，铸就了他钢铁般的意志，练就了一副豪爽、执着而又有些冷酷的奇特性格。20 世纪 90 年代初，俄罗斯社会发生了巨大的变革，26 岁的他意识到这是一次绝好的机会，于是他果断地放弃了学业，开始走向商业之路，从莫斯科一间阴暗的平房内销售塑料玩具鸭做起，倒腾过香烟和香水，后来又转向了石油供应。其间，虽然遭遇过挫折与失败，但他凭着坚韧不拔的毅力、敏锐的洞察力、睿智的头脑，最终一步步地走向了成功，并构筑了自己的商业帝国：拥有西伯利亚石油公司 80% 的股份，世界上第二大铝生产厂“俄罗斯铝业公司（Rusal）”50% 的股份，俄罗斯国家航空公司“俄罗斯民用航空（Aeroflot）”26% 的股份，一支被数亿美元烘托的英超联赛劲旅切尔西队，一架波音 767 私人专机，一艘长 355 英尺[①]的世界第四大豪华游艇……

他就是俄罗斯首富罗曼·阿布拉莫维奇。2008 年，他以超过 250 亿美元的资产，跃居世界富豪榜第 15 位。从一穷二白到富甲一方，阿布拉莫维奇只用了短短十几年的时间，他的传奇经历告诉人们，世上没有白吃的苦，过去吃苦，就是为现在积攒资本；现在吃苦，就是为将来积攒资本。当你吃的苦达到一定程度后，它就会化作幸福的源泉，令你收获辉煌的人生。

---

① 英尺：长度计量单位，一英尺约为三十厘米。

↘

没伞的孩子，必须更努力地奔跑

卓 文

没伞的孩子，必须更努力地奔跑。坚定梦想，才能紧握自己的命运，才能绽放生命中的精彩。

如今的郭德纲是红透大江南北的相声演员，但是在他成功之前，很多人看到的只是他在舞台上的逗笑与疯癫，谁能看到他对于梦想的坚持与努力。

曾经有记者问他，是什么支撑着他对梦想的坚持。郭德纲用自己的亲身经历给出了回答：“我小时候家里穷，上学的时候，一下雨别的孩子就在教室里等着家里人送伞。但我知道我们家没有伞啊，所以我就顶着雨往家里跑。没伞的孩子就必须拼命奔跑！像我这样没家境、没背景、没金钱、没关系，可以说一无所有的人，如果不自己拼命，活着还有什么意义呢？”

郭德纲 21 岁那年从外地来到北京拜师学艺，却不想四处碰壁。所以在不久之后，他就和几个朋友成立了一个小型俱乐部，靠在街头卖艺混口饭吃。那时候的他住在北京郊区，从住处到市中心需要一个多小时的车程。为了省钱，他每天都骑四五个小时的自行车奔波来回。尽管如此，他却从未耽误过一次学艺和演出。朋友们心疼他的坚持，都劝他不要这么拼命，但是郭德纲知道，不拼，梦想就没有机会实现。

在北京的整整 1 年，郭德纲从未看过一场电影、逛过一次街，甚至从未睡过一次好觉。他咬牙坚持着自己的梦想，默默地挥洒着汗水。努力的付出终于有了回报，这一年的积累与练习，他竟然可以将 600 多个传统的段子收放自如的表演给大家，这也让他开始在圈内小有名气。

但是命运的考验却还在继续，一次次的失败让郭德纲的梦想看起来似乎有些遥不可及。这种辛苦耕耘却无人问津的日子让他异常的苦闷。

有一次深夜，郭德纲结束练习骑车回家，没想到刚骑出去没多远自行车链子就断了。午夜的北京街头，没有公交车，郭德纲也没钱打车，但是想到第二天还有一场重要演出，他便一咬牙一跺脚硬着头皮往郊外的出租屋走去。天色微微发亮的时候，郭德纲终于浑身湿漉漉地回到了住处。当时正是秋雨绵绵的季节，头晕目眩的郭德纲开始发烧。他勉强支撑起来，翻箱倒柜地找到一个破旧的传呼机卖了 10 块钱，然后换了两个馒头和感冒药，这才挺了过去。

当天下午，郭德纲按时赶到了演出场地，但是面色蜡黄的他却把搭档吓了一跳。在搭档的询问下，他笑着讲述了自己昨晚的遭遇，看着郭德纲憔悴的脸，搭档湿了眼眶。

再艰难地处境也没有击退郭德纲的梦想。郭德纲倔强的坚持终于让他在圈子里站稳了脚跟。几年以后的一场比赛中，他的诙谐幽默和从容自信引起了侯耀文的注意。

当郭德纲听到侯耀文想要收自己为徒的消息时，难以置信的他让搭档于谦使劲打他俩耳光。当知道梦想终于实现的时候，郭德纲的眼泪一下子就流下来了，这么多年的坚持与付出，心酸与痛苦，仿佛历历在目。他放声大哭，像个孩子一样……

命运是公平的，它会给予每个人实现梦想的机会；命运又是不公平的，因为每个人从降生的那一刻起，就不是在同一个起跑点，很多人的梦想或许是有些人的与生俱来。

如果刚好我们起步艰难，请不要轻易放弃。因为，有追求、有梦想的人生才更有意义。

每个人都有自己的生活方式，如果你有伞，当然可以在生活的风雨中淡定前行；如果没有伞，我们要做的不是在原地自怨自艾，而是去调动生命的每一个细胞，努力奔跑，也许不久后，你就能抬头看见生命的彩虹！

不守寂寞，岂见芬芳

程应峰

在一座深山中，有块寂寞的石头，它特别希望有一天自己能像老鹰一样在天空翱翔。虽然它总被自己的同伴嘲笑，但却从未改变初衷。有一天，石头遇到了一个叫庄子的人，便向他吐露了自己的心声。庄子听完，对它说："你要先将自己成长为一座大山。"

从此以后，石头便努力地吸取天地灵气、日月精华，承雨露恩泽，拼命地生长。终于，在过了很多年以后，它长成了一座大山。

这时，庄子便招来大鹏鸟，让它以翼击山，在一声巨响之后，大山被炸开了。石头像敏捷的老鹰一样冲向了天空，虽然它最终无法逃脱坠落的命运，但它已经亲吻过了那片梦想的天空……

冰心写过这样的话："成功的花儿，人们只惊羡它现时的明艳，然而当初它的芽儿，浸透了奋斗的泪泉，洒遍了牺牲的血泪。”一个人，通常只有耐得住寂寞，经过积蓄才能拥有迸发的力量，守住心中那片芬芳。就像那块有梦想的石头，只有在寂寞孤独中成长，经历了风雨的洗礼后，才完成飞向天空的梦想。

君不见，古来圣贤多寂寞，唯有能者留其名。过去一段时间，网络上疯传一个新闻：中国科技大学迎来85后美女副教授。这个不到30岁的副教授，名字叫方璐，是中国科技大学的双科博士后、副教授、博导。在他人眼中，她集智慧和美貌于一身，无疑是命运的宠儿。很多人都看到她耀眼的一面，却很少注意到这些光环背后她付出的努力。

高中毕业考上大学时，方璐对专业的选择并没有清晰的概念，选择电子工程与信息科学纯属偶然。因为不适应这样一个专业，她大一期间的学习成绩并不理想。这对一直以来品学兼优的她来说，无疑是个不小的打击。

她沮丧过、落寞过、彷徨过，经常在心底自责自问，甚至生出了想要放弃的念头。不过，她没有轻易下决定，而是与诸位老师沟通，请他们帮着自己分析问题所在。在老师的帮助和鼓励下，方璐终于在自己选择的道路上坚持了下来。

从此以后，她心无旁骛，全身心投入电子工程领域的学习和研究，辛苦并快乐着。她的付出很快就有了回报，学习成绩变得优秀，也因此找回了自信心。在坚持中，她发掘着自己潜在的能量，在日复一日的积累中，渐渐地明确了自己前进的方向。大学毕业后，方璐被保送到香港科技大学攻读博士学位，在知识面的广度和探究问题的能力上得到了很大进步。

回想求学的过程，方璐总结出了一些令自己终身受益的东西，也是她后来在教导学生时常说的："做研究是一个厚积薄发的过程，当积累到一定时候却依然没有成果，你有可能是遭遇了最难熬的阶段。熬过这个坎儿，前方的路会越来越清晰。"

博士毕业以后，方璐在香港和新加坡做了一年博士后，她本有机会到大型企业就职，但由于热爱科研和学校，她还是选择回了母校中国科技大学。当了老师以后，方璐奉行"宽进严出"的理念，要求每一个学生都要有做科研的态度，只有通过她设立的毕业标准，才能顺利毕业。

飘逸的长发和姣好的面容，智慧的眼睛和知性的微笑，让方璐成为学生心目中的"女神"。面对外界的赞誉，方璐从来都是淡淡地一笑："我不在意这些外在的标签，我在意并恪守的，是在我最好的生命时光里，融入科学、钻研科学的精神。"

人生就是一场无止境的修炼，在平淡如水的流年中，只有能坚守寂寞的人，才能很快突破眼前的迷雾，找到前行的方向，并在不断地奋进和积累中，看到生命之花的绽放。

↘

从家庭主妇到家政女皇

周 礼

她出生于美国新泽西州一个贫困的波兰移民家庭，父亲是一名药品推销员，母亲是一名教师。在六个兄弟姐妹中，她排行老二，算是家中的主心骨。由于收入低下，他们一家八口居住在一套三居室的公寓里，空间非常狭窄，而她不得不一直与妹妹挤在一张床上。

都说穷人家的孩子早当家，她很小就知道了自力更生，自觉照顾弟弟妹妹，帮助父母减轻家庭负担。闲暇之余，她一边刻苦读书，一边跟父亲学习栽种花草树木、跟母亲学习烹饪和缝纫。大学毕业后，她嫁给了一个律师，开始了平凡的生活。起初，她在证券交易所找了一份工作，专门为客户买卖证券，从中提取佣金。这份工作的收入还不错，基本能够维持整个家庭的开销，她决心好好干下去，争取做出些成绩。然而，世事难料，1971 年，随着美国经济的下滑，股市走向低迷，眼见客户越来越少，她不得不回到家中，做起了全职太太，一心一意地经营起自己的小家庭。

她是一个苛求完美的人，即便在家中也是如此，她努力使自己做出来的饭菜鲜香、可口、有营养，努力把家布置得美观、温馨、舒适。在她的精心打造下，餐桌上的食物变得越来越丰盛，越来越精美，不仅色香味俱全，而且搭配合理，十分有利于健康；家里变得越来越干净，越来越整洁，不仅布局非常有特色，而且让人感到特别温暖、愉悦。每个来她家做客的人都赞不绝口，她成了一个人见人夸的好主妇。然而，她并不满足于这一点，也不甘心一辈子做一个家庭主妇。她一向不赞同男主外、女主内的观点，认为女人并不比男人差，男人可以在外面叱咤风云，女人也同样可以，于是她决定创业。

可是，自己干点什么好呢？软件行业有了比尔·盖茨，电脑行业有了史蒂夫·乔布斯，互联网行业有了钱伯斯和孙正义……似乎自己在大学里所学的专业都与这些赚钱的行业没有多大联系，难道注定了自己要一辈子平庸吗？那段时间，她冥思苦想，但仍然没有丝毫的头绪。就在她准备放弃自己的想法时，一个念头突然在脑海里闪过，人们的生活不光需要电脑、手机、电子产品，也需要吃饭、穿衣、睡觉，可以说一个人大约有一半的时间都待在家里，因此，高质量的家居生活同样重要，这其中一定蕴藏着巨大的商机。

有了这个重大的发现和认识后，她把自己在烹调和家庭布置方面的经验总结起来，打算与其他人一起分享。1982 年，她出版了第一本专业家居顾问指南《娱乐》，受到了很多读者的追捧和喜爱，一度成为畅销书，还引起了电视媒体的广泛关注，并与零售业帝国 Kmart 签订了利润丰厚的协作契约，行销她设计的一系列家庭产品，使她在极短的时间内成为美国、英国和澳大利亚家喻户晓的人物。随后，她又在 1991 年与时代华纳公司合作，出版了著名的家居顾问杂志《玛莎·斯图尔特生活》，创刊不久，杂志的固定读者就超过了 210 万人，给她带来了源源不断的财富。1999 年，以她名字命名的生活多媒体公司在纽约证券交易所成功上市，股票价值一路飙升，年收入竟达到了 3 亿美元，而她拥有公司 63% 以上的股份，使她成为名副其实的亿万富婆。

她就是被誉为“家政女皇”的玛莎·斯图尔特，玛莎·斯图尔特靠着提供各式家居美食及生活创意小点子，一手打造出横跨平面、电子及网络等媒体的家政王国，成为美国第二女富豪，拥有数十亿美元的资产，其名声甚至超过了美国第一夫人，曾一度被视为经典的美国圆梦。

当记者问起玛莎·斯图尔特成功的秘诀时，她总是微笑着说，“不要轻易向命运低头，充分发挥自己的特长，将梦想进行到底。”

↙

大师的灵感从哪里来

沈岳明

意大利杰出画家拉斐尔，从小就热爱绘画艺术，11 岁时便能画出非常成熟的作品，21 岁时创作出名画《圣母的婚礼》。

大型油画《西斯廷圣母》是拉斐尔最成功的一幅画作，也是他怀着虔诚的心情谱写的一曲圣母赞歌。画面采用了稳定的金字塔形构图，人物形象和真人大小相仿，庄重均衡，画面背景全部用小天使的头像组成，构思新颖独到。圣母形象柔美圣洁，表现了母爱的幸福与伟大，当时连许多大师级的画家在看了这幅画后，都忍不住为拉斐尔这么美妙的灵感喝彩。

拉斐尔和达·芬奇、米开朗琪罗并称文艺复兴后三杰，拉斐尔是三杰中最年轻的一位。他的作品博采众家之长，形成了自己独特的风格，代表了当时人们最崇尚的审美趣味，成为后世古典主义者不可企及的典范。

拉斐尔的代表作《西斯廷圣母》在社会上引起巨大反响后，不少绘画艺术爱好者找到拉斐尔，表示要拜他为师，向他学习。拉斐尔在给弟子们上课时，说："对于一个画家来说，灵感最重要。"弟子们问："那么，我们怎样才能获得绘画的灵感呢？"

拉斐尔说："你们快点将我的画笔、画板和颜料拿来吧。"弟子们惊问："莫非老师这么快就有灵感了？"拉斐尔摇了摇头，说："我现在还没有灵感，但我相信，只要开始工作，我便有可能找到灵感。"

弟子们尽管有些失望，但还是给拉斐尔拿来了画笔、画板和颜料。只见拉斐尔手拿画笔，站在画板和颜料面前好几个小时也没落笔，显然，他根本就没有找到灵感。就在弟子们累得快要打瞌睡的时候，拉斐尔终于兴奋地蘸上颜料开始画了起来，很快，一幅美妙绝伦的画作诞生了。

弟子们在为老师的画作鼓掌的同时，不禁要问："您画一幅画仅仅用了几分钟时间，但却在这里苦苦地站了几个小时，那多辛苦啊。您为什么不等到有了灵感才开始画画呢？这样您完全可以将这苦站的几个小时用来去外面玩乐，或者躺在床上休息，那不是更好吗？"

拉斐尔认真地说："在这个世界上，任何大师都不是在灵感产生时工作的，而是在工作时产生灵感的。如果我不在画板面前苦站那几个小时，又怎么可能找到绘画的灵感呢？一个人只有认真地工作，才有可能获得成功，一味地只知道休息和玩乐，是休想干出成绩来的。”

↘

一辈子说长不长，不要只等什么明天

卓 文

汉宣帝继位之后想把祭祀汉武帝的“庙乐”升格，于是便下诏去办，但没想到遭到了光禄大夫夏侯胜的反对。

夏侯胜竟然敢反对皇帝的诏书，这让丞相、御史大夫等王公大臣们内心惶恐。于是，他们便马上联名上了一道奏折，共同弹劾夏侯胜大逆不道。

丞相长史黄霸因为不肯在联名奏章上签字，也被他们一起弹劾奏报了汉宣帝。汉宣帝一怒之下，便把两人判了死刑，一起下狱，等候处决。

夏侯胜是汉朝当时有名的文学大儒，尤其精通《尚书》。他向来性情耿直，看不惯也做不来阿谀奉承之事，却没想到今天遭受如此羞辱。想到皇上的寡恩，他心灰意冷，不禁哀叹人生无常。

蒙冤更甚的黄霸，却是个生性乐观之人。他很早就仰慕夏侯胜这位名家大儒，但是一直没有机会亲近。没想到现在的意外之祸却让两个人被关在同一间牢房。

黄霸心想：之前朝堂公事繁多，没有时间请教，现在时机刚好，良师就在眼前，为何不抓紧时间补上一课呢？想到这里，黄霸便将自己的求教之意告诉夏侯胜。

夏侯胜听罢却苦笑道："我们都已经是将死之人了，过几天我们就要被处决了，现在读经论儒还有什么用呢？"

但是黄霸却说："孔子有言，朝闻道，夕死可矣。我们更应该抓住现在，心有所悟，学有所得。何必管它明天？"

夏侯胜听完内心大受感动，精神也为之一振，立马答应了黄霸的请求。

从这以后，他们二人便席地而坐，黄霸每天都向夏侯胜请教《尚书》之学。夏侯胜精心讲解，两人日夜讲学津津有味。有时，二人研究到精妙之处还不时抚掌大笑。惹得监狱的看守们一头雾水，弄不明白为何两个将死之人还能这么谈笑风生。

朝中居心叵测之人促请汉宣帝尽快将二人执行死刑。汉宣帝便派人到狱中查看这二人是否有悔改之意。结果回报的消息却是二人在狱中整天以读书为乐。汉宣帝虽心中不满，但却感叹二人之贤，不忍杀他们。于是，他们的案子也就迟迟未决。

而决心活在当下的夏侯胜与黄霸，他们虽然身在监牢，却没有什么可以束缚他们的思想。时间过得很快，两年的光景，他们非但没有觉得牢里的时间漫长，反而在这段时间里学艺精进。

后来汉宣帝大赦天下，夏侯胜和黄霸终于出狱。宣帝惜才，并没有放逐他们回老家，而是重新任命夏侯胜为谏大夫，留在身边，任命黄霸为扬州刺史，外放做官。

后来，正直博学的夏侯胜做了太子的老师。夏侯胜 90 岁的时候病逝，太子为他穿了五天素服以谢恩师。而黄霸也以精明干练、政绩卓著名扬天下，官至丞相。史书中是这么评价黄霸的：自汉朝建立以来，才能卓异的丞相多多，但论到治理百姓，则“以霸为首”。

人生的长度是有限的，活在当下，才是正确的人生选择。不要去等什么明天，因为你永远不知道明天跟意外哪个会先到来。我们要做的是认真努力地活好每一个今天，才能对得起每一个梦想。

↙

有一种成功叫坚持

卓 文

史努比是一只闻名全世界的呆萌小狗，受到很多人喜爱。2015年，在它65岁高龄时，还迎来了自己的第一部3D大电影——《花生漫画大电影：史努比》，风靡全世界。但在这只著名的小狗背后的作者——查尔斯·舒尔茨和他传奇的一生却很少有人知道。

在现实中，查尔斯·舒尔茨就是漫画中的“查理·布朗”。小时候，查尔斯·舒尔茨被所有人认为是智力低下的学生，即使到了中学八年级，他的学习成绩仍没有任何好转：数学、英语全部不及格，物理甚至还考了零分。此外，他虽然很想参加学校的高尔夫球队，却在本学年最重要的一次高尔夫球比赛中输了。这些事让舒尔茨倍感凄惨。

在学校里，舒尔茨是个很不起眼的人，同学们似乎从来没有注意过他，连在大厅里遇到他，也很少对他打招呼。幸运的是，在这些不幸之外，舒尔茨还有自己的爱好：画画。虽然在中学期间，他提供给年鉴的漫画全被拒用了，但他依旧相信自己的绘画天赋。等他毕业以后，他就来到迪士尼工作室应聘，希望能得到认可。可是，他又失败了，迪士尼工作室残酷地拒绝了他。

经历了一次次失败的舒尔茨并没有放弃，他决定用卡通的方式讲述自己的遭遇——一个所有人眼中的失败者。他用漫画讲述了自己不精彩的年少时光，一个学习不好的差生，一个不起眼的失败者。这就是“花生漫画”中那个总是遭遇窘迫、出丑的查理·布朗的来历。在“花生漫画”中，还有一个更让人喜爱的卡通形象——史努比。

从别人眼中智力低下的学生，到永恒的史努比之父。舒尔茨靠的是十几年中一心一意地坚持画画，即使备受挫折，他依然不放弃自己的梦想和坚持。

他曾说：“许多方面我一败涂地，只在画画这一点上稳住了自己。而所谓成功，也只是需要你在某一点上自命不凡，自始至终。”对于舒尔茨这样一个投身艺术的人而言，生活中没有捷径，唯一的方法就是抱着自己的理想和信念虔诚地走下去。

查尔斯·舒尔茨是个将漫画进行到底的人，随着年龄增长，身体逐渐老化，他的双手开始颤抖，病魔也开始缠绕着他，他觉得是时候跟读者告别了。于是，他以史努比的名义写下了告别信：“亲爱的朋友们：我很荣幸能够长期创作查理·布朗和他的朋友们的故事。这是我从孩提时代就有的梦想。但很遗憾的是，我不得不隐退了。对这些年来大家给我的支持和厚爱，我始终怀有无比的感激。查理·布朗、史努比、莱纳斯、露茜……我永远不会忘记你们……”两个月后，舒尔茨因病离开了这个世界。在他去世的那一天，“花生漫画”正好登完最后一组存稿。

为了纪念这个伟大的漫画家，人们建立起了以他名字命名的博物馆、机场，史努比这个名字更是风靡全球，拥有成千上万观众的粉丝。

查尔斯·舒尔茨让我们明白：世间无一处的成就，是不需要坚持的；也无一处的幸运，是不需要努力维持下去的。

正如舒尔茨笔下那个呆萌的史努比一样，我们一旦确立了自己的目标，就要坚定地走下去。遭遇的苦难和暂时的失败只会使我们分神，但决不能使我们偏离自己的方向，我们要坚信自己一定会实现理想，持之以恒方能笑到最后。

↘

最有力的回答

沈岳明

1836年，30岁的贝尼托·华雷斯还没有一门正当的职业。身高只有1.35米的他四处找工作，可是却没有一家公司肯录用他。这让他十分苦恼。那些招工的主管直言不讳地说："你长得太矮了，不适合我们公司。"贝尼托·华雷斯反问道："那您认为我适合什么工作呢？"那些招工的主管想不到他会问出这么幼稚的问题，于是笑着回答道："我觉得你最适合当总统！"

贝尼托·华雷斯惊喜地问道："您说的是真的吗，我真的最适合当总统？"那人点头说："真的，我说得一点也没错！"当贝尼托·华雷斯刚转身走开，他的身后便爆发出了一阵巨大的哄笑声。

贝尼托·华雷斯居然相信了那位招工主管的一句玩笑话，并且从此开始向总统之路奋斗。他几乎逢人就问："当总统需要具备哪些条件？"人们告诉他："当总统首先要关心公众事业。"他再问："当总统在身高上有什么限制吗？"人们摇了摇头说："这个，还没有听说过。"于是他开始了对公众事业的关心，由于一直在为公众事业奔走，他几乎忘记了自己的身高，同时也忘记了矮个子给自己带来的苦恼。又有人说，当总统得热爱学习。于是，他又开始了学习……

1847 年，由于贝尼托·华雷斯对公众事业的关心，深得民众的拥护，他当选为墨西哥瓦哈卡州州长。1858 年，他出任墨西哥代总统之职，并于 1861 年正式当选为墨西哥总统。在总统就职演讲时，当初那位主管好奇地问："我当时只不过跟您开了个玩笑，您怎么就相信了我的话呢？"

贝尼托·华雷斯说："如果我不相信您的话，那么我现在恐怕还是一个找不到工作的人，如果我相信您的话，那么我还有成为总统的机会，您说我有什么理由不相信您的话呢？"

贝尼托·华雷斯被认为是世界上有记录以来最矮的国家领导人。他在 1858 年至 1872 年间曾 5 次出任墨西哥总统。贝尼托·华雷斯说："行动是对嘲笑者最有力的回答！"

人生并不是一帆风顺的，在通往成功的道路上，总会遇到一些羁绊，比如他人的嘲笑与反对。我们要把别人的嘲笑当作成长路上的一次次激励，在嘲笑中前进。

↘

下班后做什么，决定着你能否与众不同

卓　文

当曙光出现的时候，他们堵在某个环路口焦急瞭望；当霓虹灯闪烁时，他们又挤在拥挤的地铁里疲惫不堪。这是很多年轻人的真实生活写照。

日复一日、年复一年，很多人都在重复着这样的生活，他们希望有一天能够实现自己的梦想，但是真正的成功者却寥寥无几。

我曾经看过这样的一个故事，故事的主人公是两个女孩，她们曾经是就职于同一家公司的同事。一开始，她们两个都在做英语老师，白天上课、晚上备课，生活就像是被上了发条，重复而疲惫。

但是几年后，两个人的生活却有了天壤之别。小 A 依旧在做英语老师，过着一成不变的生活。但是小 B 却成功转型，做起了导演和作家。

每次两个女孩见面，小 A 总是掩饰不住的羡慕小 B：“你运气真好，趁着我们国家文化大爆发的机会成功转型了。”但是小 B 却说：“这个世界上哪有不劳而获的成功，我转型靠的是自己的努力。”

但是小 A 却坚持地说：“你就是聪明。你看我们一起上课的时候，每天课程排的那么满，结束之后都累坏了，回到家要不就是看看电视放松一下，要不就是倒头就睡。你辞职以后这么快就转型了，不是聪明还能是什么呢？”

小 B 很无奈地摇了摇头，不知该如何回应。

她回忆起当初一起上课的日子，那时候，自己几乎每天都是三点才休息，虽然上班很累，但是自己却从来没有浪费过下班之后的时间。每一次，同事打开的是电视机，她打开的却是电脑；同事看的是娱乐节目，她却在认真地码字写文章；同事们喝酒聊天，她却在喝咖啡提神；同事准备休息睡觉，她却在准备熬夜学习。那段时间，她给自己制定了严格的学习计划，每天看一部电影，三天读完一本书。光是厚厚的笔记本，她就记满了十多个。这才是她拥有新开始的真正原因所在。

说到自己的成功，小 B 很感激当时努力的自己。她寂寞的独处与平静的努力，让自己每一个下班之后的时间都得到了最大的价值利用。而正是这下班后的学习安排，才让她有了与众不同的人生。

一个人下班后的时间，决定了他的高度；而如何使用自己的空闲时间，决定了他能在梦想的道路上走多远。

很多人都在忙碌地上班，朝九晚五、筋疲力尽，他们一边抱怨着自己的生活，一边却下了班就去花天酒地，生活就在这样无休止地循环着。

虽然，运气对于一个人的成长非常重要，但是机会也总是眷顾那些有准备的人。利用自己的空闲时间学习积累、发展自己的兴趣与技能，才能打造出一个更好的自己，才能活出一个与众不同的人生。

上帝偏爱那些能坚持吃苦的孩子

卓　文

舞蹈家邰丽华两岁时因为高烧失去了听力。没有声音的世界是寂静而痛苦的。直到她在聋哑学校上了一堂舞蹈课，邰丽华才找到了生命的意义所在。

还记得那天，老师踏响木地板上的象脚鼓，让孩子们通过震动去感知节奏。当同学们都在为脚下的节奏兴奋不已时，邰丽华已经匍匐在了地板上。她激动地告诉老师："我爱它！"

对于舞蹈演员来说，台上一分钟，台下十年功。同样的，在邰丽华婀娜的舞姿背后，是她比常人几倍甚至数十倍的辛苦付出。

为了她所热爱的舞蹈，这个坚强女孩的毅力让我们折服、感动。她全身心地投入，仿佛将自己变成了一个不停旋转的陀螺。每天除了吃饭睡觉的时间，她无时无刻不在练习。听力的障碍让她的学习之路异常的艰难，为了找准节拍，她一次次地摔倒又站起。她的小腿上全是训练时留下的一道道伤疤。

邰丽华的坚持与付出没有白费。15 岁时，她就可以跟随中国残疾人艺术团出国演出了。在那么多次的表演中，评委们竟一直没有发现她是一位双耳失聪的残疾人。很快，邰丽华就成了中国残疾人艺术团里的台柱。她不仅担任了残疾人艺术团演员队队长、中国特殊艺术协会副主席，她还是中国残疾人艺术团的“形象大使”。在多达 40 多个国家的巡回演出中，邰丽华的剧照总是在艺术团宣传材料的最醒目的位置。

邰丽华曾经说过：“残疾不是缺陷，而是人类多元化的特点。残疾不是不幸，残疾人也有生命的价值。愈是残缺，愈要美丽！”

邰丽华这种乐观感恩的态度，让无数人为之震动。

上帝虽然为她关上了一扇门，却为她打开了另一扇窗。而邰丽华的坚持与坚韧，让她又成为上帝偏爱的宠儿。

2005 年，邰丽华获得感动中国人物称号，她的颁奖词中是这样写的：从不幸的谷底到艺术的巅峰，也许你的生命本身就是一次绝美的舞蹈，于无声处展现生命的蓬勃，在手臂间勾勒人性的高洁，一个朴素女子为我们呈现华丽的奇迹，心灵的震撼不需要语言，你在我们眼中是最美。

著名舞蹈家杨丽萍，在亲眼看见邰丽华跳的《雀之灵》后说道：“我创编并跳《雀之灵》这么多年，如果听不见音乐，我都不知道自己还能不能跳出那种味道来，而你竟然跳得这么好，真不简单！”

在热爱的舞蹈事业之外，邰丽华也幸运的收获了美满的家庭。2003 年 3 月，她跟一见钟情的高才生男友在武汉举行了婚礼，步入了人生的另一个阶段。